模型与建筑设计

主　编　陈　星
副主编　刘　义

中国建设科技出版社 有限责任公司
China Construction Science and Technology Press Co., Ltd.
北　京

图书在版编目（CIP）数据

模型与建筑设计/陈星主编；刘义副主编.
北京：中国建设科技出版社有限责任公司，2025.7.
ISBN 978-7-5160-4500-8

Ⅰ.TU205

中国国家版本馆 CIP 数据核字第 2025FW0379 号

模型与建筑设计
MOXING YU JIANZHU SHEJI

主　编　陈　星
副主编　刘　义

出版发行：中国建设科技出版社有限责任公司
地　　址：北京市西城区白纸坊东街 2 号院 6 号楼
邮　　编：100054
经　　销：全国各地新华书店
印　　刷：北京雁林吉兆印刷有限公司
开　　本：710mm×1000mm　1/16
印　　张：5
字　　数：90 千字
版　　次：2025 年 7 月第 1 版
印　　次：2025 年 7 月第 1 次
定　　价：38.00 元

本社网址：www.jskjcbs.com　微信公众号：zgjskjcbs
请选用正版图书，采购、销售盗版图书属违法行为
版权专有，盗版必究。本社法律顾问：北京天驰君泰律师事务所，张杰律师
举报信箱：zhangjie@tiantailaw.com　举报电话：(010) 63567684
本书如有印装质量问题，由我社事业发展中心负责调换，联系电话：(010) 63567692

前　言

　　本书的编写目的在于帮助建筑设计的初学者掌握建筑模型制作的常规技巧，重点是利用模型制作服务建筑设计。该书将建筑设计的图面表达与模型制作的配合关系在成果表现的基础上进一步提升，重点关注建筑模型对设计能力提升的驱动作用。

　　建筑模型的制作过程也是一种空间的体验过程，它使建筑设计看得见也摸得着。建筑模型可以加深设计者对空间形体的理解，便于设计者通过空间的拆分与拼合捕捉空间的形态特征；建筑模型可以加深设计者对材料的理解，熟悉不同材料对建筑立面乃至建筑整体形象的作用；建筑模型可以加强设计者对建筑综合形象的理解，熟悉建筑空间形态在光与影配合作用下的形象差异；建筑模型可以加强设计者对复杂空间的把握，拓展设计者的空间思维，提升其空间想象能力；建筑模型可以丰富最终的设计成果，提升设计品质。总之，建筑模型可以提升设计者空间感知的敏锐性，提升他们在空间设计中的逻辑判断能力和思维创新能力。

　　此外，该书在分析案例的基础上，详细阐述模型制作与方案生成的配合过程，并提供一些引导性建议，以期设计者能够在其中采纳一些适合自己的设计路线，规避一些常规性错误，从而促进设计能力的提升。

　　最后，感谢国家自然科学基金项目（项目编号 51978598、51508494）、住房城乡建设部研究开发项目（2014-K2-022）和扬州大学出版基金的经费资助，让我们的撰写工作能够顺利开展。感谢参与本书部分撰写工作的扬州大学宋桂杰老师和参与本书模型制作的建筑学专业的同学们。

陈　星
2024 年 9 月

目 录

第1章 建筑模型的概念与分类 ················· 1

    1.1 建筑模型的概念与起源 ················· 1

    1.2 建筑模型的分类 ················· 3

第2章 建筑模型的作用 ················· 13

    2.1 方案先例的领悟 ················· 13

    2.2 方案前期的辅助 ················· 15

    2.3 复杂设计的主导 ················· 16

    2.4 设计过程的体现 ················· 19

    2.5 设计能力的提升 ················· 20

第3章 建筑模型的材质与表现力 ················· 22

    3.1 模型的材质种类 ················· 22

    3.2 模型的风格与材质搭配 ················· 30

第4章 建筑模型的制作过程 ················· 43

    4.1 一般模型的制作过程 ················· 43

    4.2 1∶1实体模型的制作过程 ················· 45

    4.3 模型制作小技巧 ················· 48

    4.4 模型制作工具 ················· 57

第5章 建筑设计与模型表现 ················· 60

    5.1 案例1 ················· 60

    5.2 案例2 ················· 62

  5.3 案例 3 ·· 63

  5.4 案例 4 ·· 64

第 6 章 建筑模型训练 ·· 66

  6.1 空间模型——空间构成能力培养 ······································ 66

  6.2 地景模型——环境构成能力培养 ······································ 67

  6.3 创意多主题模型——综合能力培养 ··································· 68

参考文献 ··· 72

第1章 建筑模型的概念与分类

1.1 建筑模型的概念与起源

建筑模型自古已有，承载着以往建筑的记忆，是珍贵的人类文化遗产。建筑模型在历史上的功能多样，既可以作为模板服务于建筑生产，也可以用于祭祀或留作档案服务于后期建筑的维修，更可以辅助建筑设计的学习等。建筑模型的材料与制作方法多种多样，有陶土捏制的，有石材雕刻的，有石膏凝筑的，有金属打造的，也有纸、木加工的；建筑模型的风格也多种多样，有完全写实的，也有写意的，有抽象或粗犷的，也有精雕细琢的。建筑模型的历史遗存与雕刻、绘画等历史文物相比更能解释当时城市文明的程度，当代建筑模型比起建筑绘画更能全面、客观地展示建筑的全貌，容易拉近建筑师与非专业人士的距离。

《说文通训定声》中记载："水曰法，木曰模，竹曰范，土曰型，金曰镕。"模、型、范和镕是同义词，都是造型的器具，只是因材料不同而得不同名称。模与摹是同源词，表示对事物的描摹，模指木制模子；范，以竹为意符，表示用竹子做的模子；镕，指冶炼器物的模型。泥范比较容易雕刻，由黏土、砂、毛发和草茎等构成，经低温焙烤使之陶化，因此也叫陶范，这是最常用的模子[1]。由此可见，"模型"最本质的定义来源于用不同材料制作的用于"塑形"的工具，"模型"两字与形体紧密相关。

著名的"样式雷"家族就是中国古代建筑模型的集大成者。样式雷家族

---

[1] 朱旭方. 《说文》金部字与中国古代冶金工业文化[J]. 广播电视大学学报（哲学社会科学版），2010（1）：91-94.

七代人先后在清代"样式房"任掌案共两百多年，制作"烫样"模型是这个家族的创举。样式雷的"烫样"是利用木条、秫秸和纸板等简单材料，经过锯截、培塑、裱糊、沥粉、彩画等多个步骤加工而成，因过程中需要用特制的烙铁热压成型而得名①。"烫样"的制作过程精细严谨，以1∶100或1∶200的比例展现具体的建筑方案，并仔细标注了各部位的名称、尺寸以及施工方法。环境要素不仅包括屋瓦门窗、水池山石、树木花草等外部景观，还有桌椅、几案、床榻等内部陈设，每一个构件均可灵活拆卸组装，十分细致地向皇家展示了建筑设计方案②，如保存于国家博物馆文保院的圆明园同乐园建筑群样式雷烫样（图1.1）。此外，除了"烫样"模型还有"木样"（《隋书·礼仪志》中提及）和"小样"，用于在营造之前展示建筑，民间把这种匠作技法俗称为"扎小样"或"造小样"②。此外，中国还有大量的陶土及少量金属建筑模型，但大都用于"明器"而非用于建筑的设计与建造，如保存于河南博物院的汉代四层绿釉陶望楼（图1.2）和保存于浙江省博物馆的春秋时期的伎乐铜屋（图1.3）。

(a) 视角1　　　　　　　　　　(b) 视角2

图1.1　圆明园同乐园建筑群样式雷烫样（国博文保院）

---

① 王佳倩. 探讨中国古建筑模型的历史渊源及当代应用［J］. 工业设计，2022（7）：119-121.
② 永昕群，温玉清. 咫尺楼台：漫谈中国古建筑模型［J］. 紫禁城，2010（12）：12-19.

图 1.2　汉代四层绿釉陶望楼　　　　图 1.3　春秋时期的伎乐铜屋
　　　（河南博物院）　　　　　　　　　　（浙江省博物馆）

　　关于建筑模型在欧洲的发展，古希腊时代已经有缩小比例的建筑模型留存下来，比如塞浦路斯神庙和迈锡尼的神庙模型。这一类的模型大部分用陶土制作，比较小巧，便于移动，模型形式也比较抽象，一般只是作为仪式性的祭物，这种传统一直延续到中世纪晚期文艺复兴初期。此外，除了缩小比例的建筑模型，还有大尺度建筑构件模型，例如巨大的足尺柱头模型，人们将其作为建筑施工中的三维样本。除了陶制、石质的模型之外，还有蜡质、石膏质和纸质的模型等，例如为了 St. Germaind' Auxerre 修道院的建造而制作的蜡模型，夏摩尔的查尔特勒修道院修建摩西井时制作的一个精美的石膏模型，拉蒂斯博内教堂的木模型和鲁昂圣·马克卢教堂的木头与混凝纸浆模型[①]。

1.2　建筑模型的分类

1.2.1　建筑模型在应用方面的分类

　　建筑模型在建筑领域中充当了多种角色。首先，对于甲方，建筑模型可以非常直观地展示设计师的设计。这类建筑模型可以是建筑的外观成品模型

---

①　林陈. 文艺复兴时期建筑模型的运用 [D]. 南京大学，2017.

（图 1.4），也可以是局部的室内外空间模型，例如户型布局（图 1.5）等。其次，对于设计师而言，建筑模型可以全方位地应用于设计的各个阶段。在设计初期，促进空间的推演乃至方案的初步生成；在设计的中期，依据模型空间进行方案细部推敲及修正；在设计终期，成为成果的一部分。最后，建筑模型有利于设计者空间感知的建立，促进对空间尺度、形态、材质及光影的识别与理解以及促进方案成形乃至设计效果的提升。

图 1.4　住宅外观成品模型

图 1.5　住宅户型模型

1.2.2 建筑模型在表现内容方面的分类

建筑模型在表达内容上分为建筑构件、建筑室内空间、建筑单体和沙盘模型（图1.6）等。建筑构件模型一般比例较大，用意是充分展示建筑构件的形态和组件连接方式。这种建筑构件模型有时用于设计与施工辅助，有时精美的建筑构件模型也可作为地景小品点缀景观环境。建筑室内空间模型比例也较大，可以充分展示空间组织关系，并利用家具等装饰物体现空间尺度，增加空间内设计效果。建筑室内空间模型一般用于住宅户型及展馆、剧院和体育馆等大型建筑空间的展示。建筑单体模型是最为常见的一种模型形式，仅表示建筑主体与环境，建筑主体在底盘中占据主要地位，比例有大有小。沙盘模型比例较小，可以充分展示建筑组群之间的关系和场地的地形地貌。沙盘模型一般多用于辅助和展示规划设计，或陈列于城市的规划馆、城建馆等，用来展示城市的发展状态。

图1.6　沙盘模型

1.2.3 建筑模型在生成方式和观看方式方面的分类

建筑模型在生成方式上分为实体模型和虚拟模型。虚拟模型也分为很多种类。在建筑学中最常见的是由各种虚拟软件制作的虚拟模型（图1.7），可以在计算机屏幕上观看，常用软件有SketchUp、Revit、AutoCAD、3dsMax和Rhino等。虚拟模型可以极大地节省模型制作的时间，免除材料成本，可以随时转换视角、修改建筑设计，且能够深入地处理细部空间。但是，普通的虚拟模型只能在电脑上观看，缺乏真实的环境体验，因此又出现了许多可以提供一定程度真实感和沉浸感的虚拟模型观看设备。例如由 mars 软件生成或导入处理的虚拟模型，可以用 VR 眼镜观看以取得沉浸感（图 1.8），由融合软件处理的虚拟模型可以用多折幕投影空间观看以取得沉浸感（图 1.9），另外还有可以直接观看的裸眼 3D 模型（图 1.10）和全息模型（图 1.11）。

图 1.7　虚拟模型

图 1.8　VR 眼镜

图 1.9　沉浸式投影系统

图 1.10　裸眼 3D 模型（泽图科技）

图 1.11　全息模型

1.2.4　建筑模型在表现形式方面的分类

建筑模型在建筑学教学中按教学进程大体分为草模和标准模型；按设计关注点和对设计强调的不同方面分成普通模型、空间构成模型和空间建构模型。

（1）草模和标准模型

一般在方案初期进行草模设计，促进对地形的熟悉、对设计思维火花的实现和调整，进而促进方案意向的深化。一般草模在设计"一草""二草"阶段完成，对方案的成形具有重要的作用。草模可以有多个，可以运用草模将建筑设计逐步深化，也可运用草模直接创造形体。有些设计者会将建筑模型制作贯穿整个设计周期，将草模逐步深化，设计完成的一刻，草模也进化为了标准模型。但是，这种一般仅适用于蜕变方案对草模破坏小的情况，草模在完善的过程中不被损毁是前提。需要强调的是，草模在做完后不应丢弃，而应当妥善保管起来，或留存电子照片，在成果图里可以将其当做方案衍生过程中的重要内容，成为成果的一部分，往往具有意想不到的好效果。

标准模型要求在设计"二草"和"三草"完成，因为建筑模型的一项重要作用就是对设计的完善、修正和调整。如果标准模型完成于成果图之后，就失去了对设计最后的辅助作用。因此，在设计进程中应注意设计与建筑模型的配合，不建议为了赶图而最后才完成建筑模型。同时需要强调的是，建筑模型在细节上不一定与最后的成果图完全一致，局部的差异更能够体现设计的思维过程，且这种差异性一般是能够得到理解和欣赏的。

（2）普通模型、空间构成模型和空间建构模型

普通模型是一种更接近建筑外在视觉形象的模型类型，它适用于一般性的草模加强版和标准模型。如图 1.12 所示，该纸质标准模型除了顺应泡沫塑料草模所表现的体块空间组织关系之外，更加注重建筑表皮材质和颜色的搭配，使建筑的外观形态更加具有真实性。普通模型更加注重建筑外部表皮的细节处理和场地环境的营造，通过树木、人体和车辆渲染气氛和表现建筑的尺度。普通模型一般不会刻意表现其内在结构，也不会过于抽象地表达建筑空间，符合人们日常所观察的建筑的形态与场景环境。

 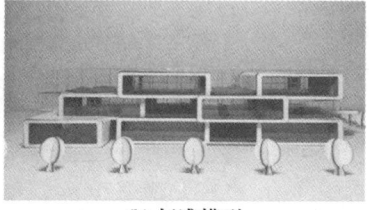

(a) 草模　　　　　　　　　　　　(b) 标准模型

图 1.12　普通模型

空间构成模型是一种主要强调建筑空间形体和空间组织关系的模型类型。它适用于一般性的草模和标准模型，并不很适用于空间建构建筑的草模和标准模型。如图 1.13 所示，空间构成模型一般强调建筑的空间而非构成空间的实体，例如梁、柱和表皮等。虽然空间构成模型也应用材质与色彩等，但更多的是辅助空间的表达，例如空间的虚实、刚柔、封闭与开敞以及主要的形态特征等。就由彩卡制作的体块而言，其颜色与纹理仅用于强调空间，而非真实的建筑表皮设计。因此，空间构成模型往往更具有抽象性，艺术性也更强一些。空间构成模型多用块、线、面等单纯形式有技巧地表达空间，在表达过程中专注于空间表现，突出空间设计理念。空间构成模型尤其适用于多单元体块的组合及场地设计。在建筑设计学习中，幼儿园、中小学校等多单元空间设计往往比较适合使用空间构成模型。此外，空间构成模型在制作方面一般比普通建筑模型简单，既可以当做草模常用的表现手法，也可以作为标准模型放入设计成果的展示中。

空间建构模型是一种强调具体的建筑构造艺术表现力的模型类型。如图 1.14 所示的纸质与木质模型所展示的，空间建构模型往往用建筑结构构件（例如桁架、拱）的结构线条来作为建筑立面和建筑形态的表达主体，而最终

的成果方案往往也在强调这些内容。空间建构模型多用于空间建构建筑的草模和标准模型。因此，空间构成模型和空间建构模型在建筑设计学习中均是学习的重点，且在设计过程中，两者一般不能互相替代。

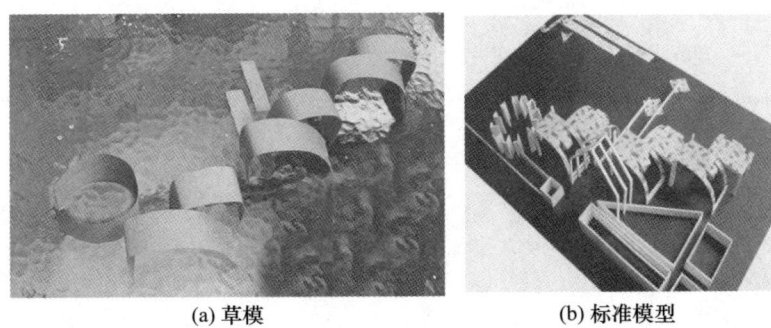

(a) 草模　　　　　　　　　　(b) 标准模型

图 1.13　空间构成模型

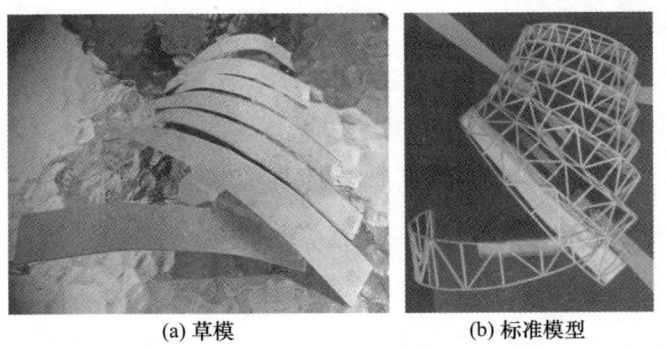

(a) 草模　　　　　　　　　　(b) 标准模型

图 1.14　空间建构模型

1.2.5　建筑模型在展示形式方面的分类

（1）封闭模型和开盖模型

建筑模型根据设计需要的深度可分为封闭模型和开盖模型。封闭模型一般指整体模型成封闭状态，顶部和墙体等均固定封死，仅能从外观展示建筑设计。因此，这种模型的封闭空间内部凡是看不到的地方均可以简化处理，即有些梁柱等结构或家具布置等可以省略，只要能够保障外观的完整性及模型结构的稳定性就可以了。

开盖模型一般用于关注室内空间布局的设计,如别墅、展厅、影剧院和体育馆等空间组织较为复杂且层数不多的建筑类型。这种模型既可用于设计推敲,也可用于建筑内部空间的展示。开盖模型可以将屋顶设置为可开启,也可以将外墙设置为可开启。屋顶开启可展示平面空间组织,外墙开启可展示竖向空间组织。图1.15展示的是一个顶部开盖的别墅模型,整体建筑由卡纸制作,内部空间的墙体和门窗等均被制作出来,以供揭开屋顶观赏。

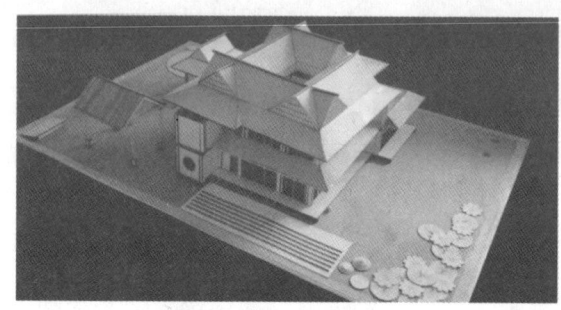
(a) 屋顶封闭状态

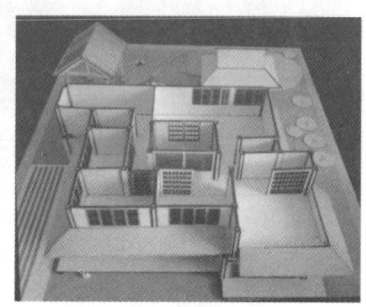
(b) 屋顶开启状态

图 1.15　开盖模型

(2) 固定式模型和可变式模型

建筑模型根据展示的需要和设计机制,可分为固定式模型和可变式模型。可变式模型又分为折叠式模型和通用结构模型。折叠式模型一般对应于可折叠建筑或展开式建筑模型。

图1.16(a)展示的是一个有机玻璃制作的折叠建筑模型,该建筑由多个肋形拱组成,肋形拱分成四组,每组由四根肋形拱组成并在两侧端部共用一轴铰接。每组肋形拱可以张开也可以收紧,建筑可根据肋形拱的收放伸长或缩短。折叠建筑存在多种形式,依据其折叠结构的不同而不同。图1.16(b)展示的是一个由卡纸制作的展开式建筑模型,建筑依托折叠的两张卡纸制作而成,展示时将依托的卡纸拉开,收藏时,可将两张依托的卡纸叠合起来。通用结构模型是一种利用相同或类似的通用结构,生成不同空间的建筑模型,对应于通用结构建筑。图1.16(c)和图1.16(d),是一个通用纸管结构模型,模型底板拥有均匀分布的圆槽,可以利用纸管在底板上的不同分布创造不同的平面空间。

第 1 章　建筑模型的概念与分类

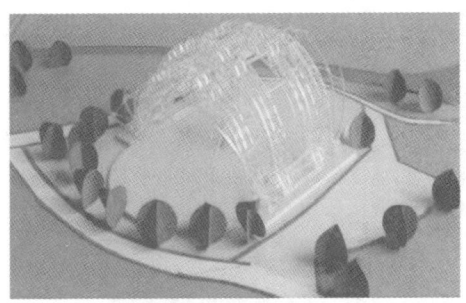
(a) 可折叠建筑模型

(b) 展开式建筑模型

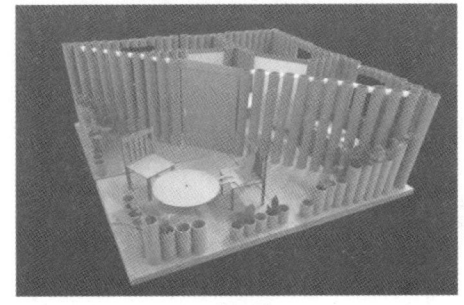
(c) 通用结构模型

(d) 通用结构模型

图 1.16　可变式建筑模型

1.2.6　建筑模型在尺度方面的分类

建筑模型在尺度方面分为小尺度模型和 1∶1 实体模型。建筑模型一般情况都是成比例缩小的建筑实体的异质同构，即小尺度模型。这类模型便于人们观察、欣赏，也便于搬运和降低造价。但是，有些建筑模型则是需要按照实体的 1∶1 比例来建造的。例如前文所述的足尺柱头模型和一些用于空间建造和空间体验实验的实体模型。图 1.17（a）所示的是一个空间比较复杂的小尺度居室模型，由椴木制成。这个模型完整地再现了居室的室外立面、室内空间及家具的空间形态和结构。图 1.17（b）是这个居室方案的 1∶1 实体模型。可以看出，这个 1∶1 实体模型复刻了小尺度模型的室内空间形态与结构。1∶1 实体模型在视觉上更具有现实性和冲击性，能够更好地进行空间体验，也能够更好地辅助实际的建筑建造。

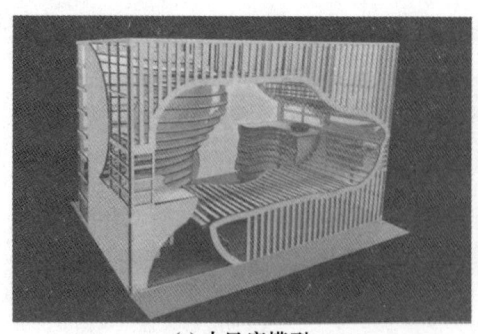 

(a) 小尺度模型　　　　　　(b) 实体模型

图 1.17　小居室建筑模型

第 2 章
建筑模型的作用

现代建筑模型无论在材质还是制造方法上都有了更多的选择，在用途上也有了明显的变化。古代的建筑模型用于祭祀、陪葬、展示和建筑设计与建造等，而现代的建筑模型由于材料与建造技术的提升，除了展示和作为工艺品售卖以外，更多地用于建筑设计与建筑建造。特别对于复杂建筑的建造，建筑模型大幅度降低了设计师、甲方以及施工方对于复杂建筑空间及建筑构件理解的难度。复杂建筑的设计从传统的"图→模型"，发展为"模型→图"。且由于3D打印建造技术的发展，建筑与模型的制造方式已经没有明显的差异，建筑模型与建筑实体的界限也越来越模糊。

2.1 方案先例的领悟

采用著名建筑大师的方案进行模型重构，在模型的制作过程中，"强制性"地了解建筑中空间虚实关系的组成，将设计中感觉无法抓实的空间组织落地。在对建筑先例的学习中，内部空间组织较为复杂的建筑先例尤其适合做建筑模型。模型制作可以选择透明的外部墙体，有利于从各个角度展示空间的关系和尺度。建筑先例模型有助于学生将建筑之美与建筑的空间构成直接联系起来，在一定程度上解决初学者"感觉挺好看但不知道为什么好看""想做出漂亮的空间但无从着手""图纸与实际空间联系不起来"等问题。

图2.1所示的是马里奥·博塔的方形住宅模型，该建筑内部空间组织和场地环境较为复杂，建筑主体矗立于山坳，从上部连接崖顶的桥体进入。桥体和建筑外壳均由有机玻璃制作。桥体用较细的有机玻璃杆件拼接成钢构架的形态，建筑外墙体用刻有砖纹的厚有机玻璃板制成，既能突出墙体的厚

重感,也能让人清晰地观察内部复杂空间的组织。建筑内部空间的楼板、墙体、楼梯和栏杆等建筑构件均由木条和木片制成,点缀白色卡纸制作的家具。

图2.1　马里奥·博塔的方形住宅模型

图2.2所展示的是理查德·麦耶设计的史密斯住宅模型,该建筑内部空间组织也较为复杂,建筑主体由卡纸制成。建筑体块及立面特征(楼梯和烟囱)基本被塑造出来,配合周围的草坪和树木,一个优美的住宅环境氛围就被营造了出来。这个模型虽然在细部设计上还可以继续雕琢,但制作先例模型的目的就是通过模型的制作来了解建筑方案的基本空间构架以及增强对建筑的空间体验,从这点来说,这个模型已经实现了它的价值。

图2.2　史密斯住宅模型

2.2 方案前期的辅助

在着手设计一个建筑方案之初，可能是较为困扰的。设计火花的闪现有时候是需要催化剂的。在头脑中不停地思考建筑方案的同时，手中将各种空间不停地变化和重构，于思维碰撞中去享受美好的空间组合及变化的"奇遇"，当这种奇遇降临后，则可继续在一个更高的水平上对建筑方案进行变化或重构，去迎接新的"奇遇"。方案前期的辅助主要依靠草模，一般将其放置于地形图或场地模型之上，一方面有利于熟悉地形，另一方面有利于依据地形信息，拓宽设计思维，增加获得设计灵感的机遇。

图2.3展现了一个展厅的建筑设计方案。这个方案一开始进行了草模制作[图2.3（a）（b）]，将基本的空间进行了初步的生成。方案的空间组织敲定后，针对形体，结合空间结构，进行立面等设计，完善方案，制作标准模型并绘制渲染图等[图2.3（c）（d）]。从图2.3可以看出，草模、标准模型和渲染图有着基本一致的空间组织关系，可以把这种设计路线的一致性叫做空间设计的DNA。草模和标准模型均具有明确的空间关系表达，标准模型对于草模的设计深化非常明显，即草模对于方案前期的辅助作用到位，建筑模型制作没有流于形式。

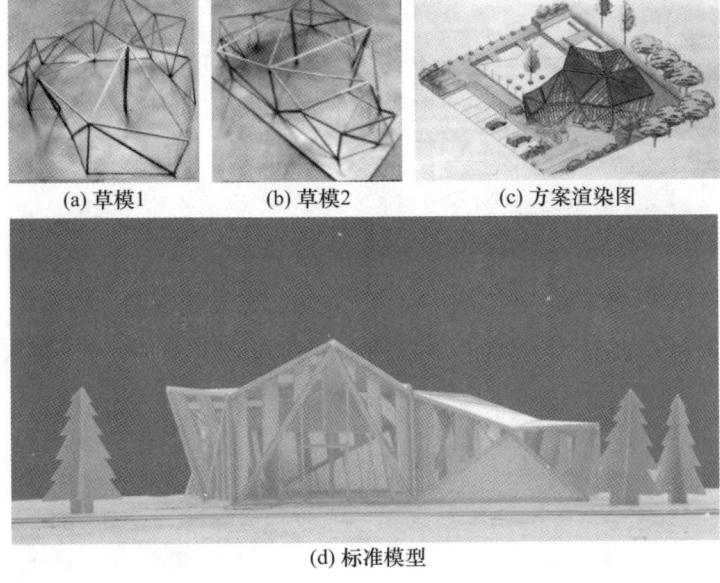

图2.3　展厅建筑设计方案（空间建构模型）

2.3　复杂设计的主导

对于复杂的空间设计，建筑模型有时候起到了设计的主导作用。这是因为复杂空间有时候很难想象，必须边做边想，即有时候方案不是想出来而是做出来的。

如图 2.4 所展示的是展厅建筑的空间建构模型，建筑模型主体由多个相同的纸质插件构成。该方案最初是一条蛇形空间［图 2.4（a）］，进而转变为一个曲面空间。当做到曲面空间时，设计思维出现了一段时间的迷茫。于是，设计者开始不断扭转这个曲面，希望能够出现一个令人满意的空间形体［图 2.4（b）（c）］。其间，设计者将整个曲面扣在台面之上，形成了类似于桶形拱的形态。但是，桶形拱又过于呆板，没有突出这个曲面空间善于变形的特点。最后，设计者采用了两个一大一小、相向而立的曲面形体，每个曲面形成的桶形拱均倾斜躺卧，且每个桶形拱的端口经过凹曲，形成一大一小的开口。经过模型的推演，整个建筑方案在立面、场地等方面得到了进一步的深化，强调了主要建筑结构的特点，取得了较好的设计效果［图 2.4（d）（e）］。

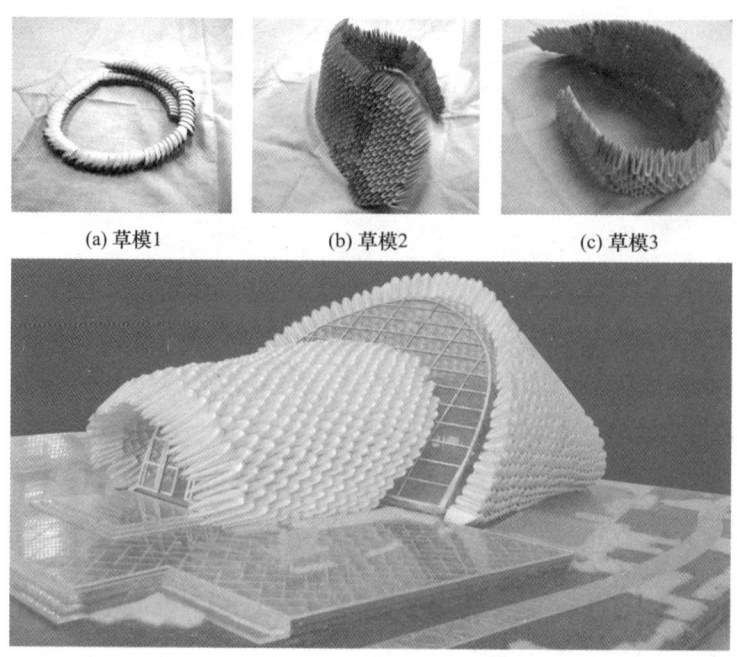

(a) 草模1　　　　(b) 草模2　　　　(c) 草模3

(d) 标准模型侧面（纸与有机玻璃）

(e) 标准模型正面 (纸与有机玻璃)

图 2.4 展厅建筑模型（空间建构模型）

想要建筑多组构件生成复杂空间，单纯地依靠想象力和绘制草图有时是很难达到目的的。特别对于初学者，建筑空间的深度感知还未完全形成，空间形态的多样性还没有熟练掌控，缺乏想象力和预见性是常态。因此，利用建筑模型的制作来主导复杂设计也许是一种较好的选择。

如图 2.5 所展示的是展厅建筑的空间建构模型，建筑主体是由多个相同的纸质锥形构件构成。该方案开始是由 7 个锥形体组成的小组团，然后是十几个锥形体组成的大组团 [图 2.5 (a)(b)]，但是在这个阶段似乎大的空间仍然没有实现，设计进入瓶颈。之后，组团中的锥形体被展开，设计者发现有些中间的锥形体可以去掉，并不影响整体结构的稳定性，于是建筑主体出现了。进一步，设计者又发现锥形体的三角形侧面既可以镂空，也可以用卡纸覆盖变成实面，继续将这种做法转移到建筑周边，于是立面的虚实关系就形成了 [图 2.5 (c)]。

如图 2.6 所展示的也是展厅建筑的空间建构模型，建筑主体是一种呈螺旋状的编织结构。该方案需要实际的手工制作来组织、修正和推演空间形态和支撑结构。方案的初始阶段的草模是一个由细吸管制作的编织结构，经纬较少，仅有一个朦胧的空间形体 [图 2.6 (a)]。下一步，由细铁丝制作的草模完成后，更为清晰的空间形体和编织结构组织形式展现了出来。由图 2.6 (b) 可以看出，此时的空间形态类似虫蛹，编织结构呈现清晰的螺旋线组织，立面的结构也大致成型。从最后的标准模型可以看出，整个建筑方案在立面、空间形态等方面得到了进一步的深化，突出了编织结构的特点，螺旋线更为清晰，排列均衡，与蛹形空间形态相辅相成，设计取得了较好的效果［图 2.6（c）］。

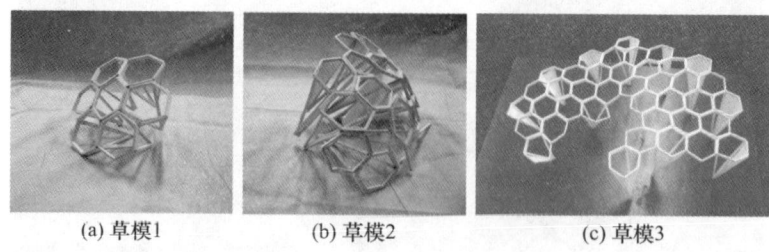

(a) 草模1　　　　　(b) 草模2　　　　　(c) 草模3

图 2.5　展厅建筑模型（空间建构模型）

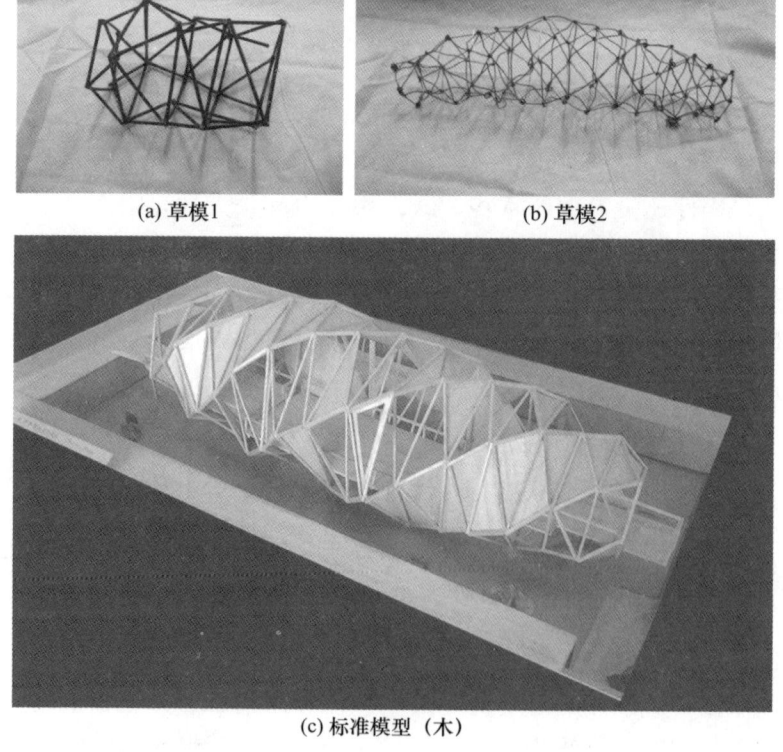

(a) 草模1　　　　　　　　　(b) 草模2

(c) 标准模型（木）

图 2.6　展厅建筑模型（空间建构模型）

从这三个方案（图 2.4～图 2.6）的生成过程可以看出，利用模型制作所具有的优势，即能够边做边想地将形态落地，可以在整个设计周期内持续开拓设计思维，发挥结构形式的优势，使建筑空间变得更有特点。

需要强调的是，每位设计者都是不同的，有的对于形态很敏感，有的对于色彩较为敏感，有的对于光影关系得心应手，有的喜欢方正的形体，有的喜欢流线型的形体。而这些个人特点，与每个人建立自己的设计方法息息相关。在建筑模型的制作中，设计者可以用试错的办法不断挖掘自己的优势与特长，寻找自己的设计道路。

建筑模型制作会使设计者具有较强的获得感，能够在一定程度上增强设计者的信心。

2.4　设计过程的体现

在设计成果表现图的绘制过程中，建筑模型的参与十分重要。一方面，建筑模型的照片出现在设计成果图纸中，可以展现设计的过程，提升设计的可靠性，展现设计者对于设计方案的材质、空间和结构等的理解，更有助于评审人对于设计者能力的全面了解；另一方面，建筑模型比起建筑效果图，在一定程度上对设计立意展现得更为全面，能够有力地强调设计特点。而建筑效果图则由于画风、配景的影响，有可能存在对建筑设计方案过度美化和展现不够全面等问题。

图 2.7 展示的是一个木质展厅的方案，在成果图纸上，标准模型与草模同时存在（分别分布于图纸的左、右侧）。虽然草模比效果图和标准模型略显粗糙，但由于排版得当（将标准模型照片组与草模照片组放置于对位位置利于比较），建筑模型为成果图增色不少。此外，这种操作手法也不露痕迹地展示了设计者在设计过程中学习的连贯性（设计思路清晰，目标明确），而这些信息都可以成为加分项，同时也完美地展示了设计者的设计初心。

(a) 标准模型透视（木）

(b) 标准模型顶视（木）

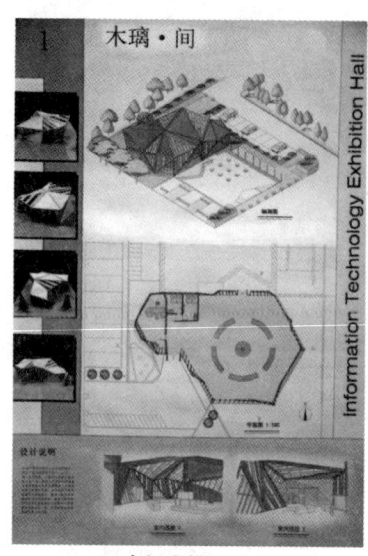
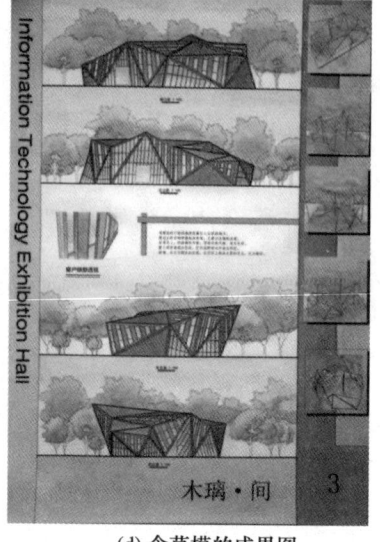

(c) 含标准模型的成果图　　　　(d) 含草模的成果图

图 2.7　展厅设计方案成果

2.5　设计能力的提升

由图 2.3～图 2.6 可以看出，建筑模型的制作能够在很大程度上提升学习者的设计能力。从数个草模到标准模型，设计者如蹒跚学步的孩童，一步步走向成熟。建筑模型既作为最后的设计成果，也作为有力的设计工具，一点点提升设计者的空间感知的敏锐性，增强设计者的空间组织和环境把控能力。可以看出，图 2.3～图 2.6 所示的四个设计方案最后都得到了较为成熟或接近成熟的设计成果。同时，设计成果均与最初懵懂的设计原型紧密相连。

如何感知设计能力的提升？有时候设计者需要一个顿悟的过程，例如在方案起步阶段寻找方向，有时会突然有了想法。这种从零到有的非常突然的过程就是顿悟，这种顿悟是一个内向式的心理过程，旁人无法感知，也无法通过教学来使之发生。但是，设计者需要一个实物来证实自己，让别人了解自己的确提升了。那么，最可靠的证据就是拿自己的草模（草图）与标准模型（成果图）进行对比。这种对比的过程既能够建立设计的自信心，也能够促进自己对设计思维的进一步领悟。哪一步走对了，哪一步走错了，哪一步仍有些迷茫，把思路顺一顺，也许就豁然开朗，得出了适合自己的设计方法。所以，从头看很重要，这是设计学习非常重要的方法，与解数学难题的复算和围棋的复盘较为类似。

建筑模型的制作能够使设计者接触到"真正"的空间，包括各种色彩与质地的材料、空间的形态与光影关系。而这些空间元素的体验，能够进一步拉近建筑方案与实物的距离，设计者可以切实体会设计所带来的不同影响，从而强化设计者的空间敏感性，增强其驾驭空间元素的能力，加深其对于设计的理解。在建筑设计的学习中，经常有人提到无法理解一些建筑理论的含义，或是直言看不懂理论方面的书籍。其实，这种困难来源于在建筑空间体验上感知的匮乏，而这一问题是无法单纯通过强化理论的学习而解决的。那么如何增强建筑空间的感知体验呢？笔者建议多做或多看建筑模型，最好360°旋转来看，充分了解一个建筑的方方面面，即体与体的关系，面与面的关系，色彩与色彩的关系，空间与空间的关系，在心里把它们从二维到三维不断推演，慢慢地就可能会有一根"思维线"与某个理论思想搭上了。

第3章 建筑模型的材质与表现力

3.1 模型的材质种类

模型的材质有很多种,大类有纸与木材、有机玻璃和塑料、金属、石膏、土等。

3.1.1 纸

纸质模型材料分为卡纸、瓦楞纸与瓦楞纸板以及贴纸等。

(1) 卡纸

卡纸按颜色分为白卡、灰卡、牛皮卡和彩卡等。在建筑设计的学习中,白卡用得比较多,便于学习者观察建筑的空间形态。灰卡和牛皮卡的色调温和,风格大气,适宜注重空间关系的模型。彩卡有各种颜色和纹理,大体分为亚光、荧光和金属镀层等。模型制作一般用亚光,荧光容易干扰建筑形体表达,真实性不强。金属镀层卡纸可以模拟外表皮为金属材质的建筑,建议采用有灰调的金属色彩,不宜采用纯金或纯银色(图3.1)。

(a) 白卡与彩卡　　(b) 灰卡　　(c) 牛皮卡　　(d) 荧光卡　　(e) 金属镀层卡

图3.1 卡纸

卡纸的厚薄选择要慎重,一般草模选择1mm厚的卡纸,切割方便,易于扭转、撕扯和切割。但是1mm厚的卡纸容易变形,因此不建议用于后期草模和标准模型。标准模型常用2mm厚的卡纸，有时选用3mm厚的卡纸。2mm厚的卡纸切割较为便易，且不易变形，对于一般标准模型已经足够用了。如要做大尺度纸质模型，可以选择3mm及以上卡纸，但这种厚度的卡纸切割不易，用手动勾刀已经有些费力，建议用激光雕刻机等机器切割。卡纸在建筑模型中除了不能表现玻璃门窗和幕墙外，基本可适用于全部的实体制作。卡纸可以做建筑主体、地面广场、道路、水体以及陪衬的小品、人和植物等。如图1.16（a）所展示的卡纸树，即是最常见的十字交叉树，既简洁又大方。此外，纯色卡纸也可以由画笔、勾刀或激光雕刻机在其表面制作所需要的纹理（如砖、毛石纹理），使其表现更为丰富。

（2）瓦楞纸与瓦楞纸板

瓦楞纸也有各种颜色，与彩卡类似（图3.2）。彩色瓦楞纸大体分为亚光、荧光和金属镀层等。用色的建议与卡纸相同。瓦楞纸因其独特的竖向纹理，在建筑模型制作中可用于表现坡屋顶、墙裙、具有横向或竖向纹理的墙体以及地景园林小径、人行道等。瓦楞纸板一面为光滑的牛皮纸，一面为具有竖向条纹的牛皮瓦楞纸，较厚的则两面均为牛皮纸，中间为瓦楞纸纸芯（图3.3）。总体上，瓦楞纸板的质地与纹理均比瓦楞纸粗糙很多，适合于尺度较大、需要较高支撑能力的模型，且模型风格适宜走粗犷路线。瓦楞纸板多为牛皮纸色，也有白色和彩色的瓦楞纸板。

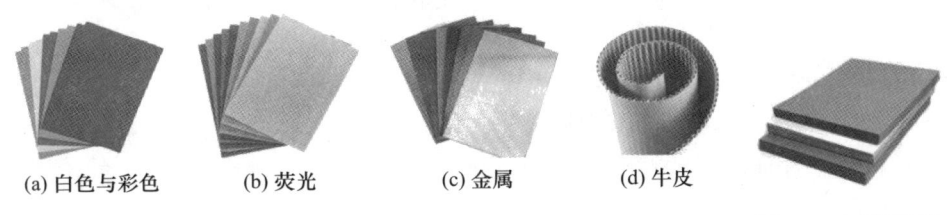

(a) 白色与彩色　　(b) 荧光　　(c) 金属　　(d) 牛皮

图3.2　瓦楞纸　　　　　　　　　图3.3　瓦楞纸板

（3）贴纸

贴纸也有各种颜色，与彩卡类似，大体也分为亚光、荧光和金属镀层等（图3.4）。用色的建议与卡纸相同。需要强调的是，如能够找到适宜的彩卡，就尽量少用贴纸。贴纸需要贴得非常平才好看，如出现皱褶，就会大幅削弱模型的美感。此外，还有草皮纸等具有呢绒绒面的贴纸，草皮纸也是需要贴得非常平才好看，适用于水平场地或由等高线层层抬起的抽象坡地［图3.4（b）］。如所制作的模型场地是有自然坡度的山地模型，建议用草粉。草皮纸的颜色均匀没有变化，做成的草坪形象有些单调，比起卡纸或瓦楞纸做成的抽象草坪仅略强一些，远不如草粉的效果。

(a) 彩色贴纸

(b) 草皮纸

图 3.4　贴纸

3.1.2　木材

木材分为木片、木条和木板等，可以直接购买适宜做模型的成品件（图 3.5）。易于切割的木片与木条多用桐木和松木做成，普通裁纸刀即可以做切割工作。一般厚度为 1～2mm 的木片就可以满足普通标准模型的需要了。1mm 的木片较薄，也可以作为装饰贴片或用来制作小构件。较为高端的木质模型材料是椴木，椴木片、板一般厚度在 1.5mm 以上。椴木木片较硬，不易变形，适用于一般和尺度较大的标准模型以及受力较大的模型构件［图 3.5（b）］。椴木片切割难度较大，加工可使用激光雕刻机或机械雕刻机。此外，还有一种软木板，质地非常柔软，颜色较深，易于切割［图 3.5（c）］。但软木板价格较贵，在模型制作上使用得较少。此外，在做较大的实体木质模型时，所需要的就是普通的木工材料了，即普通的木龙骨与木工板等。

(a) 木条、木片

(b) 椴木板

(c) 软木板

图 3.5　木材

3.1.3 有机玻璃和塑料

有机玻璃和塑料品种多样，塑料类的模型材料较为复杂，分为PVC、泡沫塑料和KT板等。

(1) 有机玻璃

有机玻璃分为透明有机玻璃、彩色有机玻璃、磨砂有机玻璃、带纹理有机玻璃、有机玻璃圆管、有机玻璃圆棒等（图3.6）。建筑模型制作常用的是无色的透明有机玻璃［图3.6（a）］，或磨砂有机玻璃［图3.6（b）］，彩色有机玻璃使用得较少［图3.6（c）］。彩色透明有机玻璃有时会起到活跃建筑形体或立面的作用，但不透明的有机玻璃与彩色PVC板的效果相差不大，如需要控制模型造价的话，建议采用PVC板。有机玻璃适合标准模型，建筑的墙体、屋顶、楼板、窗、幕墙、楼梯、栏杆，乃至地面、树木等都可以用有机玻璃制作。有机玻璃厚度的选择应慎重，对于幕墙、底盘上覆盖的蒙板、栏杆等小构件，选择1mm厚的就可以。如果追求绝对的平直挺括，2mm厚也就足够了。当需要表达厚重的墙体，或做规划模型时（一层有机玻璃板示意一层楼体），就有可能需要3mm以上厚度的有机玻璃板了。需要注意的是，厚有机玻璃板用激光雕刻机切割非常费时，因此在有机玻璃板的厚度选择上还要考虑加工时间。附带纹理的有机玻璃板可以制作有纹理要求的屋顶、墙体、地面和水面等［图3.6（d）］。此外，也可以利用激光雕刻机在有机玻璃板的表面快速扫描各种纹理，使有机玻璃的表现形式更为丰富。有机玻璃圆管和圆棒可以直接用作建筑构件，一般直径较细的构件可以用圆棒［图3.6（e）］，直径较粗的构件可以用圆管［图3.6（f）］。圆管是空心的，可以降低构件在用材上的费用。有机玻璃可以使建筑模型"上档次"，但由于其价格昂贵，在使用时会受到一定的限制。

(a) 透明　　(b) 磨砂　　(c) 彩色　　(d) 纹理　　(e) 圆棒　　(f) 圆管

图3.6　有机玻璃

（2）PVC 片

PVC 在外观形态上与有机玻璃类似，也有透明、彩色、磨砂、纹理、圆管和圆棒等（图 3.7）。一方面，PVC 材料比有机玻璃便宜很多，且两者在观感上较为接近；另一方面，PVC 材料较硬，不能用激光雕刻机，只能用机械方法来加工，加工起来不如有机玻璃方便。

PVC 片在建筑模型制作中使用得较为广泛，使用最多的是透明 PVC 片[图 3.7（a）]。PVC 片可以充作窗户的玻璃、水体或贴敷于材料面层之上，赋予其光感。但是，PVC 片比较柔软，从侧面看材料挺括感不强，效果与有机玻璃相比存在较大的差距，但胜在价格便宜。需要注意的是，有些模型制作者爱用蓝色的 PVC 片表现窗玻璃或幕墙，其效果大多不太理想，会与模型的原色产生较大的冲突，蓝色 PVC 片在使用时需慎重。

(a) 透明　　　　　　　　　(b) 磨砂

图 3.7　PVC 片

（3）泡沫塑料

泡沫塑料一般分为聚苯乙烯泡沫板和珍珠棉板等（图 3.8）。聚苯乙烯泡沫板质地较硬，有较好的肌理感且不易变形[图 3.8（a）]。聚苯乙烯泡沫板加工起来有一定难度，较薄的可用普通刀具切割，较厚的可用电热丝泡沫切割机。但是，电热丝一般温度较高，在使用时需格外小心，防止烫伤事故。珍珠棉板机理较为细腻，虽在材料挺括性上不如聚苯乙烯泡沫板，但胜在加工极为方便，对于厚度较大的板材，用裁纸刀也能轻松切割[图 3.8（b）]。因此，在做体块草模时，珍珠棉板是一个较好的选择。此外，珍珠棉板通常有白、黑、红和蓝等颜色，对于撞色系列的草模模型也是足够用的。珍珠棉板的厚度选用 2～3cm，即可满足一般草模的需要。

（4）KT板

KT板一般是外表面有各种颜色，内部是泡沫塑料芯（图3.9）。KT板价格便宜，常用的有黑色和白色，黑色一般用于模型的底板，白色可用作建筑主体等。KT板比起卡纸质量轻很多，厚度有5mm、10mm、20mm、30mm等。一般较小的模型，即底盘为A4或A3等，厚10mm的KT板即可满足要求。使用KT板时应注意不要接触UHU胶，UHU胶容易与KT板产生化学反应，将KT板腐蚀。

(a) 聚苯乙烯泡沫板

(b) 珍珠棉板

图3.8 泡沫塑料

图3.9 KT板

3.1.4 金属

金属分为金属丝、金属片、金属网、金属杆件、铝箔等。

（1）真金属

金属加工起来较为困难，比较好加工的有金属丝、金属网等（图3.10）。较细的铜丝可以从废旧电线里拆出来［图3.10（a）］，适宜做成各种不同的乔木造型。细铁丝比电线里的铜丝要粗一些，可以用线钳夹断、调整弯曲度或将其扭折［图3.10（b）］。透明电线是个好材料，可以用刀具将其透明膜均匀地剪断多处，但不剪断里面的金属丝，这样就易于形成相对固定的曲线［图3.10（c）］。金属网可以用剪刀剪开，用作建筑表皮或营造灰空间［图3.10（d）］。钢丝球是常用的家务擦洗工具，可以撕开来做灌木和乔木的树冠［图3.10（e）］。

  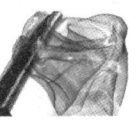
(a) 电线铜丝   (b) 细铁丝   (c) 透明电线   (d) 金属网   (e) 钢丝球

图3.10 金属

(2) 伪金属

金属模型可以由很多伪金属材料制作。如图 3.1（e）和图 3.2（c）所示的金属镀层卡纸和瓦楞纸、金属膜贴纸，也有镀金属膜的有机玻璃和 PVC 材料。这些均可以几乎完美地营造模型的金属构件。此外，也可以自己制作伪金属，例如可以将木条或木片喷上金属漆，充当金属构件，其木质肌理裹上金属漆后的质感能够呈现出真实钢构件的粗糙感。

3.1.5 石膏

石膏分为白石膏和彩色石膏等（图 3.11）。彩色石膏拥有多种色彩，包括灰色、黄色、红色和黑色等。白色石膏是普适色彩，而黄石膏用于沙漠地区的干旱建筑或表现历史沧桑感的风蚀，效果极佳。

石膏，一般认为要有模具才好定型，似乎不那么容易用于模型制作。实际上，可以用廉价的石膏粉刷在粗糙的骨架上，一点点成型。在石膏半干时，还可以采用刻刀进行细部的雕刻。石膏尤其适用于表现塑性建筑或石质、砖质的建筑。

图 3.11　石膏粉

3.1.6 土

用于建筑模型制作的土分为黏土、陶土、油泥、彩泥和玩具砂等（图 3.12）。一般的黏土可就地取材，但黏土易散，耐久性不高［图 3.12（a）］。陶土耐久性好，但应注意把控硬度，陶土如过软，则不易定形。陶土颜色多样，有深褐色、红色、白色、黄色、墨绿色等［图 3.12（b）］。油泥晾干后硬度较高，且与其他材质构件黏合性较强，油泥有土黄色、咖啡色、肤色、灰色等，颜色较为单一，且气味较大［图 3.12（c）］。彩泥和玩具砂的颜色更为丰富，但彩泥弹性过大，极易变形，可用做模型的配景造型，如雕塑人体等，不适用于建筑主体［图3.12（d）］。玩具砂适合于塑性建筑的打磨，但其稳定性较差，仅适合于草模［图3.12（e）］。

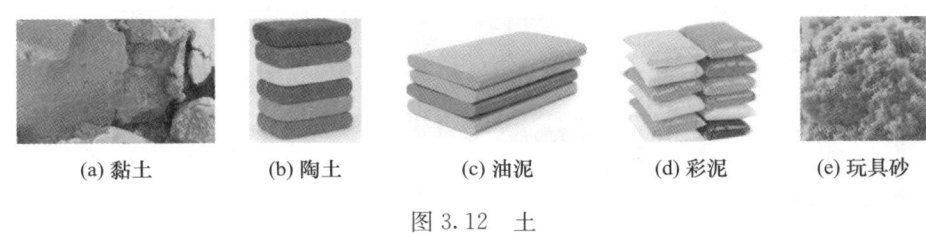

(a) 黏土　　(b) 陶土　　(c) 油泥　　(d) 彩泥　　(e) 玩具砂

图 3.12　土

3.1.7　其他材料

制作建筑模型不一定需要购买模型材料，利用一些废弃品来制作模型，既环保又能节省花费。

首先，可以利用鹌鹑蛋等带花纹的蛋壳做贴饰，模拟大理石拼贴地面或墙裙。可以利用包装箱的瓦楞纸板、泡沫保护垫以及各种包装袋、包装盒的卡纸、透明塑料片、牙签、一次性筷子、吸管、一次性塑料杯等来制作模型。一些废弃的玩具、冰淇淋伞状饰品、发卡、头花等均可以用于模型的配景。一般的建筑院校均有木加工室，锯末可以收集起来，染色后用作草粉，制作树冠、灌木和草皮。

其次，一些廉价的生活用品也可以用作模型材料。例如洗碗的小孔海绵，剪碎了可以充作草粉，制作乔木的树冠和灌木丛；洗澡的打孔海绵可以切厚片，充作抽象风格的灌木；玻璃胶可以用牙签塑形，充作喷泉和瀑布；废旧丝袜可以充作膜结构；钓鱼线可以充当拉索结构；塑料捆扎绳可以撕成细丝充当树冠或水边芦苇等。

此外，模型所需的黏结材料也有多种，一般有UHU胶、乳胶、速干胶和胶棒等。UHU胶干结速度适中，可以在干结之前及时调整模型构件，但对泡沫材料有腐蚀。乳胶干结速度较慢，但黏结力强，无腐蚀性。速干胶干结速度过快，不容易在黏结时调整。胶棒可用于黏结无平整黏结面的构件，如织物与模型杆件之间的黏结。

3.2 模型的风格与材质搭配

不同类型的建筑在设计中均带有自身的风格，材质对建筑风格的塑造具有相当大的作用，且在建筑模型制作中的表现尤为突出。建筑模型很多时候是对建筑设计的异质同构。在建筑模型中，一种材质既可以表现同类型材质的建筑，也可以表现不同材质类型的建筑。对于这种异质同构的做法，材质的搭配也是有讲究的，需要深入体会不同材质的风格与表现能力。

3.2.1 纸质模型

纸质模型是常见的建筑模型，多用纯净的白色卡纸，白色卡纸纯净。建筑标准模型大多采用厚于2mm的厚卡纸，厚卡纸坚挺，用其制作的建筑体块纯净，能够细腻地展示建筑细部。如图3.13（a）和图3.13（b）所示，厚卡纸也可以切割成条状，用作花架和建筑构架的梁和柱体等。较薄的厚度1mm以下的卡纸能够自然弯曲，适合于展现曲面建筑［图3.13（c）］。总体而言，纸质模型一般适合于表现纯净的建筑形体，特别对于抽象简约风格的建筑，纸质模型是一个较好的选择。卡纸一般为亚光，没有强烈的反光效果，亲切自然。而白色卡纸价格低廉、易于加工、表达效果好且适用性强，在建筑设计学习中是通用的模型材料。

(a) 别墅模型

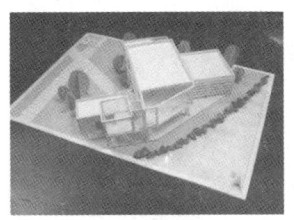 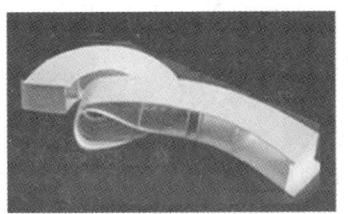

(b) 茶室模型　　　　　　　　(c) 展厅模型 (空间构成草模)

图 3.13　纸质模型

3.2.2　有机玻璃模型

有机玻璃模型一般均具有精致的外观，晶莹透明，是高档的建筑模型。

图 3.14（a）展示的是用无色透明有机玻璃板做建筑主体的有机玻璃模型，生动展现了建筑的玻璃幕墙外观。该模型采用绿色有机玻璃板制作地面和屋顶草坪，黑色有机玻璃板制作模型底板，光滑的黑色底板能够倒映模型的建筑主体。整个模型浑然一体，呈线性波浪状的建筑体块相当瞩目。

(a) 青浦图书馆模型

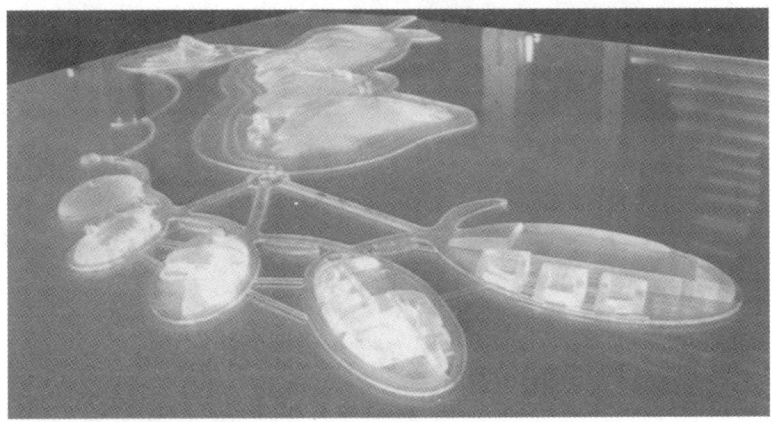

(b) 岛屿建筑模型

图 3.14　有机玻璃模型

图3.14（b）展示的是在水中呈放射岛屿状的建筑模型，建筑体块用厚实的有机玻璃板制成，厚有机玻璃板能够透出体块后面的形体转折线，因此可以更好地展现建筑的体块感。底板用的是波纹状有机玻璃板以展现水体。整个建筑均由无色透明有机玻璃制成，整体感较强，表达细腻精致。

有机玻璃华贵精致，是做建筑模型的好材料。但是有机玻璃价格高昂，在选用时需慎重，同时也应关注建筑风格是否与有机玻璃相匹配。例如，粗犷风格的建筑类型就不适宜选用有机玻璃类材料。此外，有机玻璃切割一般采用激光雕刻机，激光雕刻机可以使有机玻璃的切面光滑、无瑕疵。在无理想加工仪器的条件下，尽量选择较薄的有机玻璃手工切割。有机玻璃切割面如存在明显的毛糙不平的情况，可能会极大地影响有机玻璃对模型的烘托效果。

3.2.3 木质模型

常见的木质模型有由木条做的空间建构模型（骨架模型）［图3.15（a）（b）］和由木片与木条做的普通模型［图3.15（c）（d）］。木质模型有用普通木条、木片做成的［图3.15（a）（b）（c）］，也有用较硬的椴木板做成的［图3.15（d）］。可以看出，木材在建筑模型上的适用性较广。木质模型材料有其独有的木质色泽，特别适用于一些需要营造气氛的模型，例如住宅模型等。其次，普通的易于切割的薄木片与细木条，除了不好弯曲外，比卡纸更坚实挺括，处理也更为方便，例如木条可以直接用于建筑模型的结构构件，不用像卡纸还需要切割。

图3.15（a）展示的木质模型是由木条直接搭成的三角形钢架，形成排架结构，再横向架梁组成建筑整体结构。建筑内部用薄木片搭建楼板和小型建筑空间体块。建筑模型整体通透，结构感较强，如实地表达了设计全貌。图3.15（b）展示的木质模型是由木条编织的桶形结构体，内部同样用薄木片搭建夹层楼板，主体结构体现了利用小材编织大尺度空间形体的方法。图3.15（c）展示的是一个大地建筑，连接地面的坡道螺旋式上升，形成了主要的建筑形体。中心形体底部用较粗的木条做柱，形成底部架空层，细木条做立面，形成立面肌理。薄木片做屋顶和楼板，与曲线型坡道紧密贴合。最后用透明PVC薄片贴于立面细木条之后，营造玻璃的效果。模型整体处理得干净利索，模型材料特点运用充分。图3.15（d）展示的是由椴木板制作的一个别墅模型。建筑的山形屋架、屋顶板、立面构架、堆叠等高线的底板乃至

配合环境的树体，均由椴木板通过激光雕刻机切割而成，边界平整。透明PVC薄片贴于立面构架之后，营造玻璃的效果。由于所有的模型材料基本是椴木板，所以模型整体性较强，且由于椴木板比普通木片更具厚重感、肌理感，该模型比前三个由普通木条、木片所做的模型更"硬"，也更正规一些。椴木板虽然表达效果要优于普通的木条与木片，但其价格较贵，加工有一定难度（需要激光或机械加工设备），选择时要充分考虑利弊。此外，椴木板由于材质细腻且平整，也可以利用激光雕刻机扫描需要的纹理，使其表现更为丰富。

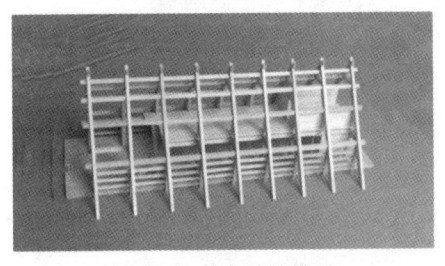

(a) 展厅1 (空间建构模型)

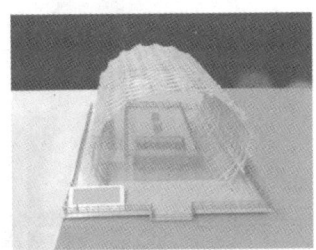

(b) 展厅2 (空间建构模型)

(c) 展厅模型

(d) 别墅模型

图 3.15　木质模型

3.2.4　PVC 模型

PVC 材料透明度不如有机玻璃，但质感接近有机玻璃，细腻平滑，能较好地表现建筑细部，且价格相对便宜，可代替卡纸用于不透明的模型制作。

图 3.16（a）表现的是一个幼儿园建筑，建筑与场地制作都非常精致。PVC 板的切割断面与面层材质均匀，没有色差，建筑模型的整体感较强。从模型的整体效果来看，PVC 模型比之前的卡纸模型更精致一些，体量感也更

强一些，同时也具有PVC材质特有的温润感。

图3.16（b）所示的三个小建筑模型是三个带有扭转和曲折的小形体。PVC板可以制作较为复杂的曲面，制作过程可以借助水浴或烤箱。但是这种操作方法比较复杂，考验制作者的模型制作技巧，也需要制作者有一定的制作经验。先进的3D打印技术可以解决复杂形体的模型，可用于建筑实体的制作。

(a) 甜甜圈幼儿园（天华建筑）

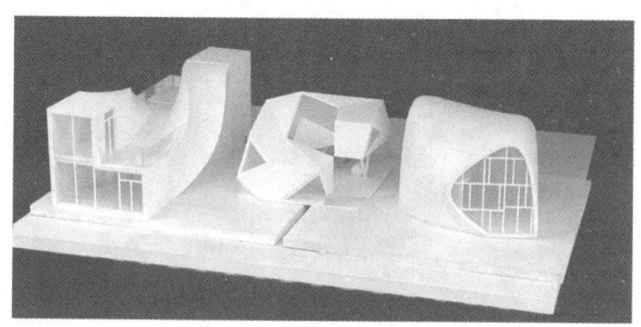

(b) 三个小建筑

图3.16　PVC模型

3.2.5　KT板模型

KT板可以替代卡纸制作模型，KT板质量轻，材质挺括，易于切割，价格低廉。但是，KT板表面与切割断面的色彩和质地有较强的差异感，切割面也难以做到如卡纸切割面那般的平滑，材料脆性大，不适于加工精细的构件，因此整体的模型形态会稍逊于卡纸模型。

图3.17（a）所展示的朱塞普·特拉尼设计的湖畔别墅模型中，楼板、楼梯、隔墙等由单层或多层叠加的KT板制作而成。柱子由木条制成，玻璃采

用了透明 PVC 薄片来表现，透出内部的空间结构。该模型虽然在大的空间关系上表达尚可，但在立面上可以明显看出楼板处的多层 KT 板材的切割断面，因此 KT 板模型在细节处理上不占有优势。图 3.17（b）所展示的史密斯住宅模型中，场地坡度用 KT 板层叠而成适宜的等高线，效果尚佳。用这种方法处理模型中带有坡度的地形，比用卡纸经济，且厚卡纸在切割上比较困难，造价高也非常沉重。

(a) 湖畔别墅　　　　　　　　(b) 史密斯住宅

图 3.17　KT 板模型

3.2.6　泡沫塑料模型

泡沫塑料模型一般用于草模，但聚苯乙烯、珍珠棉板等泡沫板因其自身的特殊纹理，可以模仿一些建筑材料，如混凝土、夯土等，因此有时也可以用于标准模型。图 3.18 所展示的是一个由塑料泡沫做的安藤忠雄设计的住吉的长屋模型，粗糙的混凝土是通过在泡沫上喷漆来仿造的，整体而言，效果还是不错的。

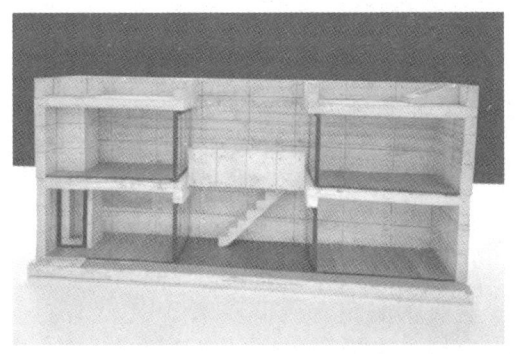

图 3.18　泡沫塑料模型（住吉的长屋　吴圣）

3.2.7 金属与彩泥

图 3.19 所示的是一个幼儿园建筑的空间构成模型，幼儿园的生活单元和音体室为蛋状形体。设计者用粗铁丝编织了四个蛋形体（三个生活单元和一个音体室），再将四种不同颜色的彩泥填充金属编织的网格，强调了生活单元的蛋形体，并对外立面有了初步的规划。模型的曲面一直是模型制作的难题，带形空间的扭转可用具有韧性的卡纸或较薄的有机玻璃板、PVC 板来完成，但像穹顶、蛋形这类空间，这些方法就不适用了。如果仅做草模、空间构成或空间建构模型，骨架曲面则是一种不错的选择，既强调了空间形态，又降低了营造曲面的制作难度。图 3.19 所展示的金属与彩泥模型，有效利用了粗铁丝的可弯曲及定形能力较强的特性。此外，这个模型的色彩运用也相当好，整体模型色彩选取"浓烈风"，红、黄、蓝、绿、白五种颜色并存，以蓝色为主调，底盘的蓝色、白色、黄色和红色等颜色与彩泥的颜色相呼应。可以说，此模型的材质和颜色匹配均较有创意，模型能够突出蛋形幼儿园的设计特点，展示效果良好。

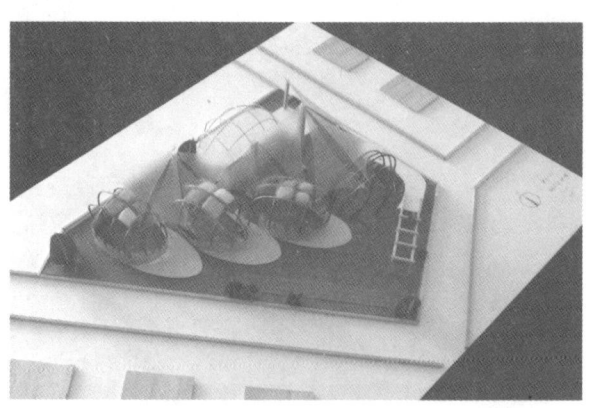

图 3.19　金属与彩泥模型（蛋形幼儿园空间构成模型）

3.2.8 木材与有机玻璃

建筑模型既可以全部由有机玻璃来做，也可以在幕墙、墙体、楼梯等处用有机玻璃来点缀。建筑围墙用有机玻璃来制作，一方面可以营造边界感和结构感，另一方面可以避免围墙遮挡室内空间，有助于表现室内结构。如图

2.1 所示的马里奥·博塔的方形住宅，厚重的透明有机玻璃充当外墙，内部的空间结构完整显露，建筑模型晶莹剔透，富有空间层次感，且建筑整体空间形态坚硬挺拔。如图 3.20 所示的茶室模型，磨砂有机玻璃板被放置于涂成灰色调的有一定厚度的仿钢木条之后，建筑模型立面的骨架构成被强调了出来，变得生动有趣。磨砂玻璃隐约透出了内部的空间结构，配合了灰色调的低调风格，减弱了立面的封闭感，使其带有一定的空间深度。

木材可与无色透明或磨砂有机玻璃搭配较好。第一，两者一虚一实，一个透明或半透明，一个不透明；第二，两者都较为平滑坚硬；第三，两者有各自的材质特点：有机玻璃光滑细腻，自带一定的反光效果，木条木片具有木质肌理和纹理，除涂漆面层外表面无反射；第四，一个无色，一个自带木质色彩。因此，这两种材质对于建筑模型的空间营造具有天然的优势，建筑空间的虚实关系和材质对比会更加丰富。

木材与有机玻璃的组合基本可分为木材在外（图 3.20）、木材在内（图 2.1）和混合搭配等。木材在外的情况一般适用于有大面积的明框玻璃幕墙的设计，木材作为骨架支撑由有机玻璃制作的幕墙，模型整体仍能发挥有机玻璃的通透特点，可以展示室内空间布局，增加建筑的层次感。对于木材在内的情况，有机玻璃取代厚重墙体，木材做内部空间，可以极大地消除建筑本身的封闭感，使建筑内部空间设计一览无余，建筑空间层次丰富。混合搭配时，一般是某些体块用木材，某些体块用有机玻璃，强调了建筑体块的虚实对比。这三种方法均发挥了木材与有机玻璃的材质特点，对于建筑模型有着相得益彰的支撑作用，既能够突出建筑设计的创意，丰富建筑形象，本身材质种类又不多，建筑观感纯净，不显杂乱，具有一定的高级感。

(a) 视角1　　　　　　　　　　　(b) 视角2

图 3.20　木条与有机玻璃模型（茶室）

3.2.9 卡纸与木条

白色卡纸与木条也是"好搭档"。第一，两者都属于较易加工的材料，且造价低廉；第二，两者一为纯净的白色，一为质朴的木色，既不张扬也能互相对比。图 3.21 所示的茶室模型，其架构骨架、草坪、树木等皆由木条和木片制成，屋顶、平台和道路均由白色卡纸制成。建筑模型简朴自然，富有生活气息。

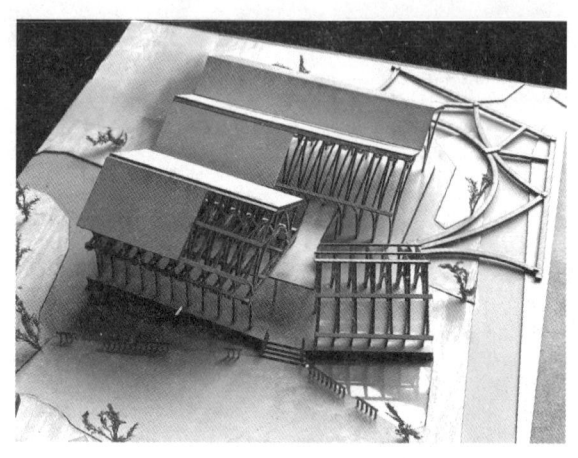

图 3.21　卡纸与木条、木片模型（空间建构展厅模型）

3.2.10 卡纸与透明 PVC 片

卡纸与透明 PVC 片是一种常见的组合，PVC 片价格低廉，一般在卡纸模型中用它做窗户玻璃非常普遍，但图 3.22 所示的展厅模型是个特例，PVC 片形成的玻璃幕墙在这里是表达的重点。该建筑模型用排架拱做主体架构，建筑整体半虚半实，由一道居于屋面顶部的斜向的直线作为虚实分界线。在"虚"的部分，排架拱暴露出来，形成富有韵律的立面观感。易于弯曲的透明 PVC 片呈弯曲状，模仿玻璃幕墙包裹于排架拱的外侧。实体部分由卡纸弯曲围拢而成，上面有两个一组的大头针插于卡纸上，形成类似于螺栓的结构装饰。该建筑模型充分发挥了卡纸与透明 PVC 片的弯曲特性，这两种材料的质地和颜色（白色和透明色）的对比极富设计感。可以说这个模型一方面充分展示了制作技巧，另一方面也充分展示了建筑本身的设计技巧。卡纸与透明

PVC 片的搭配一般以卡纸为主、PVC 片为辅。卡纸较硬，可以充当结构支撑的主力，PVC 片柔软，可以依托其形成围护结构。建筑外立面一般不适宜全部用 PVC 片，因为 PVC 片光滑有余但挺直感不够，大面积的 PVC 片会出现明显的局部鼓包等形变，观感不够理想。

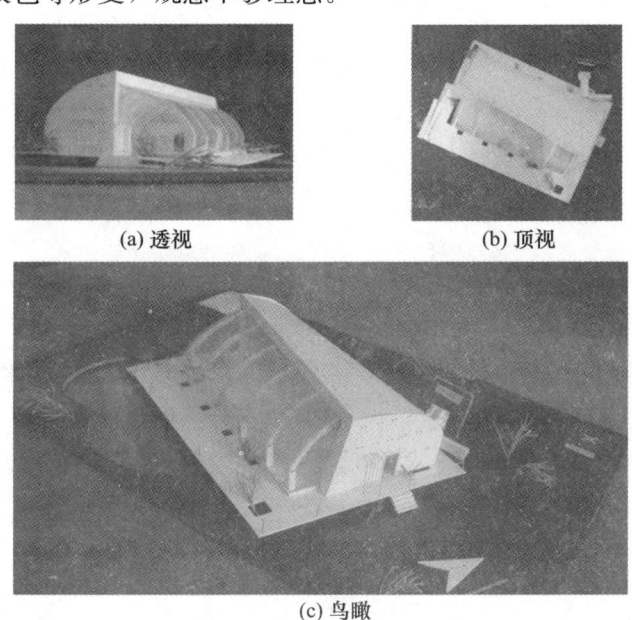

(a) 透视　　　(b) 顶视

(c) 鸟瞰

图 3.22　卡纸与 PVC 片模型（展厅）

3.2.11　卡纸与有机玻璃

卡纸与有机玻璃的组合可以认为是卡纸与 PVC 片组合的加强版，因为 PVC 片比较薄，存在感较弱，且不够坚挺，反光效果不如有机玻璃清爽明晰。但是，PVC 片容易弯曲，这是有机玻璃很难达到的。一般情况下，如果建筑设计有较多的玻璃窗、较大的幕墙等，经济条件允许且设备到位，即可以选择卡纸与有机玻璃的组合。但如果没有激光雕刻机，较薄的有机玻璃，例如厚度 1mm 以下的有机玻璃还是可以用手工勾刀解决的。

总体而言，卡纸与有机玻璃的组合比起木材与有机玻璃的组合在色彩上更为纯净。如图 3.23（a）和图 3.23（b）所示，这两个模型材料非常一致，均是透明有机玻璃、白色卡纸和黑色 KT 板等。图 3.23（a）展示的是一个展厅模型，透明有机玻璃板围合生成了两个相对接的，外侧为斜面（一端为建筑实体，另一端为雨棚和构架所形成的灰空间）的梯台体，构筑了整个建筑的主体形态。建筑内部由白色卡纸围合而成，这些独立的室内子空间与主体空间之间形成了丰富的"灰空间"。整体模型形态明确，空间层次丰富。图3.23（b）展示的是一个住宅模型，卡纸体块与有机玻璃体块的虚实对比，强调了建筑主形体下的分形体构成。主形体为一个偏十字形，一根横向轴为全虚空间，另一根纵向轴为实、虚、实、虚的空间相间而成，且在体块高度和水平位置上略有错落。这一做法丰富了传统的十字形空间构成，使设计充满了灵性。其次，该模型所有的地景和围墙基本由透明有机玻璃制成，存在感较弱但丰富了环境层次，较好地起到了烘托建筑主体的作用。在地景设计中，仅由一道白卡所制作的实体围墙与白卡建筑体块相呼应，可谓匠心独运。

 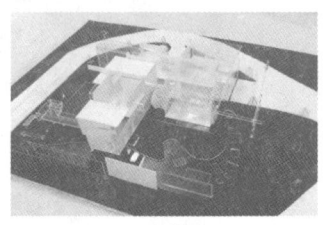

(a) 展厅　　　　　　　　　　(b) 住宅

图 3.23　卡纸与有机玻璃模型

　　卡纸与有机玻璃的搭配跟卡纸与透明 PVC 片的组合方法不同，PVC 片柔软，不能作为模型结构的支撑，而有机玻璃则没有这一缺陷。卡纸与有机玻璃的搭配跟木材与有机玻璃的搭配类似，但如果卡纸作为支撑骨架设置在外，那么应选择厚度较大的卡纸。

3.2.12　金属与有机玻璃

　　金属与有机玻璃的组合常被木材与有机玻璃的组合替代。木材在较细或较薄的情况下不易变形和弯曲，可以表达较为细腻的构造，因此将木条和木片造型成钢构架是一种常见的做法。但是，金属箔易于切割，其与有机玻璃搭配效果也是不错的，具有高技派的风格。如图 3.24 所示的展厅模型，其立面设计灵感来自电脑主板，该模型的建筑功能为 IT 展厅。该模型利用金属铝箔模拟电路，巧妙地构筑了立面的平面构成。金属铝箔附着于透明的有机玻璃板上，效果较好。

第 3 章 建筑模型的材质与表现力

图 3.24　金属与有机玻璃模型（展厅）

3.2.13　织物与 PVC

张拉膜是常见的一种建筑结构形式。如图 3.25 所示，该模型利用白色弹性织物，结合透明鱼线和白色 PVC 桁架，再衬以基底板，形成了效果较好的一个张拉膜建筑形象。该模型是一个标准模型，是设计成果重要的组成部分。

图 3.25　织物与 PVC 模型（展厅）

模型与建筑设计

3.2.14 多种材料模型

有的建筑模型的建筑主体、配景和底板基本采用同一种材料，如图1.12（b）（纸）、图1.16（b）（c）（d）（纸）、图2.3（d）（木）、图2.6（c）（木）、图2.7（a）（b）（木）、图3.13（b）（纸）、图3.14（有机玻璃）、图3.15（木）、图3.16（PVC）、图3.17（b）（PVC）和图3.21（木）所展示的建筑模型。

有的建筑模型采用多种材料，以达到丰富建筑形态、强化建筑设计特点的目的。如图3.26（a）所示，该建筑模型的坡屋顶为木片，墙体、平屋顶和底板为白色卡纸，扶手栏杆等为有机玻璃，玻璃幕墙为透明PVC片，作为配景的树木有由卡纸制成的，也有由绿色包装绳做的乔木和灌木。几种材质在建筑模型中有规律地排布，增添了模型的色彩和层次，生动有趣。如图3.26（b）所示，该建筑模型非常注重建筑环境的材质搭配，场地环境用了蓝色卡纸做水体，绿色草皮贴纸做草坪，各种小石块做点缀。而建筑主体的材料则相对简单，仅用白卡做主体，木条做花架和栏杆。该模型的设计创意凸显建筑底部的鱼形岛体，该岛体为建筑本身增色不少。

(a) 幼儿园　　　　　　　　　　(b) 茶室

图3.26　混合材料模型

第4章 建筑模型的制作过程

4.1 一般模型的制作过程

一般模型的制作没有绝对固定的流程,基本的顺序为由小到大,由下到上,先主后辅,由建筑到环境。还有一句话非常关键,就是模型是根本,拍照定输赢。具体就是模型一般由小部件做起,建筑模型由底部做起,先做主形体构架,再在主形体构架上做辅形体,最后将全部建筑完成后,将建筑和建筑底盘(有高差的复杂底盘可以先做好)黏合起来,集中布置环境。较为复杂的曲线构件可以先将构件图纸打印出来,附在板材上再慢慢切割。

如图4.1所示,该展厅建筑模型(有机玻璃)属于悬挂式建筑结构,在模型的制作起始阶段,建筑的节点、支撑柱体杆件和梁柱构件先用激光雕刻机切割就位[图4.1(a)(b)]。随后,竖立梁柱,制作建筑主体框架结构;就位中心支撑柱体,黏结柱头与主体框架结构上的节点;将鱼线穿过节点小孔,绑扎就位,拉起主体框架结构[图4.1(c)(d)];就位楼梯、墙面和楼板等;在透明墙体内侧添加彩色透明PVC片,进行建筑立面的制作。利用有机玻璃细杆件做成乔木等景观,美化模型的场地环境[图4.1(e)]。

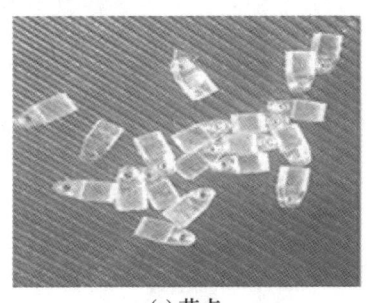

(a) 节点

(b) 支撑柱体杆件和梁柱构件

模型与建筑设计

(c) 主体框架结构　　　　　　(d) 中心支撑柱体与主体框架结构

(e) 展厅（空间建构模型）

图 4.1　展厅建筑模型（有机玻璃）

如图 4.2 所示，这是由纸质插件插接而成的复杂曲面展厅建筑模型，与图 2.4 所示的展厅建筑模型类似。但是，该建筑模型从结构而言与图 2.4 展示的展厅建筑是不同的，之前的展厅建筑是桶形拱结构，而该建筑是一个壳体结构。该建筑模型将底盘及室内外空间与壳体结构分成两部分。先做底盘上的室内空间及外部环境，再将整个壳体结构扣上去形成完整的模型。该建筑模型是一个开盖模型，室内外空间均经过精细设计，体现了设计者对于设计深度的追求，以及对于室内外空间环境的把握。

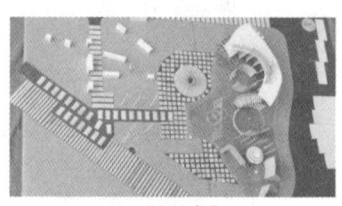 

(a) 展厅内部　　　　　　　　　(b) 人眼透视

(c) 鸟瞰

图 4.2　展厅建筑模型（纸质空间建构模型）

4.2　1∶1 实体模型的制作过程

4.2.1　纸管模型

如图 4.3 所示，这是一个用纸板和纸管制作的 1∶1 住宅模型。首先，在模型制作前定制了用于搭建的纸质圆管。圆管很轻，一只手就可以提起，而且容易加工，具有足够的承载力。搭建工作进行了 6 天。首先制作建筑模型的底板和顶板，将数张瓦楞纸板粘贴起来，在纸板层上用曲线锯开洞，洞口尺寸对应于纸质圆管的外径。其次，对纸管使用台锯进行切割，使其长度契合建筑的不同部位。最后，进行底板铺装组合，竖立建筑墙体和家具的纸质圆管立柱，铺装用于家具台面的纸质圆管，依据立柱位置，进行顶板的铺装组合［图 4.3（a）(b)］。该建筑模型中由纸质圆管做成的立柱，一头嵌于地面底板，另一头嵌于屋顶顶板。该 1∶1 模型的搭建顺序与结构系统相契合，建筑模型的承载性能够满足日常使用的要求，而人在其空间中的体验效果是一般成比例缩小的建筑模型不可比拟的［图 4.3（c）(d)］[①]。

---

① 陈星，段旺腾，刘义. 通用组件模式下可变居住建筑空间科教融合探索［J］. 住宅产业，2024（6）：30-32.

(a) 墙体和床体等家具立柱

(b) 墙体立柱和家具上板

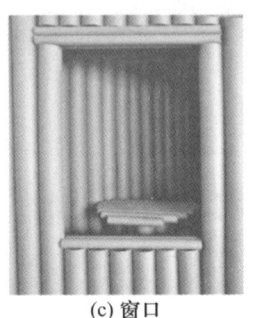
(c) 窗口

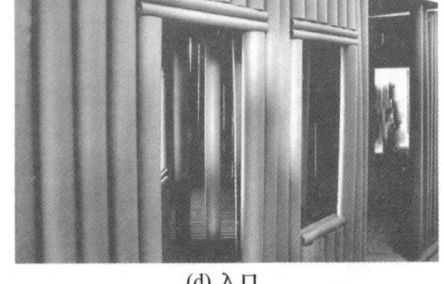
(d) 入口

图 4.3　1∶1 建筑实体住宅模型搭建（纸管）

4.2.2　竹模型

　　如图 4.4 所示，这是一个竹制地景小品模型，使用材料是新鲜竹子。新鲜竹子色泽翠绿，且有一定韧性不容易脆断。首先制作草模，如图 4.4（a）所示，该模型由木条制成，左右两边为按直线排列的交叉支杆，支杆高度一侧一头高一头低，另一侧一头低一头高，成相反态势。横向连接杆在顶部连接对应的交叉支杆端部，形成顶界面空间曲面。对应草模制作 1∶1 模型搭建之前，购买新鲜竹子、不锈钢片、螺栓和轴杆，收集易拉罐。用电锯切割竹子，留中部形体规整的竹体。用钢剪剪开易拉罐，取铝皮包裹竹体，这部分用作模型与地面接触的根部，用电锯将多余的部分锯掉，形成独立的交叉支杆［图 4.4（b）（c）（d）］。利用钻机在交叉支杆的竹体另一端部钻眼，安装顶部连接节点［图 4.4（e）（f）］。将横向连接杆的竹体端部打孔，并插入交叉支杆顶部连接节点端部，将螺杆穿过顶部连接节点端部的孔洞与横向支杆的孔洞，用螺栓固定，即将横向连接杆与对应的交叉支杆连接起来，形成门式框架单元［图 4.4（e）（f）（g）］。在地面挖槽，浇筑水泥，将门式框架单元插入水泥对应位置，1∶1 竹模型制成［图 4.4（d）（g）］。

(a) 草模　　(b) 底部端部节点

(c) 底部端部节点安装　　(d) 竖地面支杆（底部端部节点）

(e) 顶部连接节点安装　　(f) 顶部连接节点

(g) 1∶1 竹亭模型

图 4.4　1∶1 建筑实体模型搭建（竹）

总体而言，1∶1实体模型在建造过程中也基本遵守着模型制作的常规程序。但是1∶1实体模型在制作过程中还需考虑成比例缩小模型所无须考虑的一些问题：

（1）材料的造价

1∶1实体模型材料量一般比较大，材料本身的尺寸也往往远超成比例缩小模型，因此在1∶1实体模型建造前应做好预算，预算不仅要考虑材料量，还要考虑运费和定制费用等。

（2）材料的质量

原材料的尺寸和质量都应该在制作前充分考虑，不能仅考虑模型构件的尺寸和质量，因为在模型构件加工时要搬运更大更重的原材料。原材料最好为轻质和易于加工的材料。这样，无论是加工还是安装均会比较方便，不会因材料过重或过大而出现无法操作等问题，也可避免出现一些安全事故。

（3）人员的配合及工作量统筹

1∶1实体模型的建造一般是单人是无法进行的，因此需要按照参与人员数量进行工作量统筹，充分考虑实体模型建造的工作量在限定工作天数内是否可以完成。如果不能完成，可以考虑适当简化模型。如工期比较富余，则可适当将模型局部进行深化。

（4）设备到位

在1∶1实体模型制作中，基本的加工设备必不可少。一般尽量采用电动设备，如电钻和电锯等。手工工具可以适当采用，例如可用手工扳手拧紧螺栓。

4.3　模型制作小技巧

4.3.1　曲面制作技巧

曲面一般是制作建筑模型的难点，可以选择容易弯曲的材质（卡纸、PVC片等），通过将它们弯曲变形做成曲面，形成模型空间主体，还可以用骨架、编织和线形排列的方法来构筑曲面。

（1）弯曲曲面

图3.13（c）展示的是条带状卡纸经过弯曲形成的曲面空间，较薄的卡纸（厚度不超过1mm）既柔软又坚韧，自然弯曲后形成的曲面纯净柔美。

图 4.5（a）所展示的是 PVC 板经过弯曲形成的曲面空间，较薄的 PVC 板经过高温处理后变得柔软，弯曲后可以形成所需要的曲面。

图 4.5（c）所展示的是一个由卡纸制成的网架结构模型，该模型采用激光雕刻机将卡纸雕琢成网状，与可弯曲透明 PVC 片一起形成曲面结构。在真实的建筑中，玻璃是不起承重作用的，但在该模型中 PVC 片与网状卡纸一起形成复合层，既便于弯曲，也使网状卡纸屋顶具有了一定的支撑能力。

（2）骨架曲面

一维曲面（单方向弯曲）一般较好解决，图 1.14（b）、图 1.16（a）和图 3.22 所展示的是由木条、有机玻璃和卡纸所制成的"拱"骨架组合形成的通透的曲面建筑空间。在这三个模型中，卡纸和有机玻璃被直接切割成拱形构件，而木条则组合形成拱形桁架。这类模型外观通透，其围护界面一般用可弯曲的透明 PVC 片、卡纸或其他可弯曲的材料制成（图 3.22），也可以不做界面，直接以建筑骨架结构作为模型的主要展示内容［图 1.14（b）和图 1.16（a）］。

（3）编织曲面

图 4.5（b）所展示的是由有机玻璃做成的骨架编织而成的穹顶建筑模型。该建筑模型的有机玻璃拱（以圆形平面圆心为中心，放射性分布）和环形骨架，厚度足够，显得强劲有力，充分展示了建筑的建构之美。由于穹顶的弯曲围护界面制作困难且原设计立面也是较为通透的，制作者索性放弃了制作"立面"界面，暴露的结构骨架在一定程度上起到了立面的效果。

图 3.19 所示意的蛋形幼儿园建筑模型也采用了与此类似的曲面生成方法，且同样没有做围护界面，不过该模型采用的是粗铁丝形成的方格经纬编织结构，并没有采用放射拱和圆环结构。

图 3.15（b）所示的展厅建筑模型是用短木条相互叠错成三角形单元围绕圆心组成的。这些三角形单元以渐进式扭转，数个单元连接形成环状结构，数个环状结构沿纵向排列，并从纵向以长木条穿插每个三角形单元顶部节点，将数个环状结构连接形成曲面。总体而言，这种生成曲面的方法也是一种编织结构，特别适合于短杆构件来形成曲面形体。

图 2.6 所示的展厅建筑主体也是以短木条拼接成螺旋线，以螺旋线为经线形成的编织曲面结构。其围护界面用三角形薄木片拼贴于模型主体由经纬线形成的空间方格里的三角形格子中（方格由斜撑分割成三角形）。这种生成曲面的方法适合于短杆和不能弯曲的面状材料构件。

图 4.5（d）展示的曲面屋顶建筑模型围绕着一条闭合的空间曲线环，以

该曲线环作为屋顶脊线和与之平行的经线，再用直杆件做纬线编织而成，用来编织曲面屋顶的木条细而密，使其屋面的曲面变形变得平滑流畅。

如图 2.4 和图 4.2 所示的展厅建筑主体是由多个相同的纸质插件插接而成的曲面空间。该曲面的生成方式也是一种编织，由于纸质构件较小，形成的曲面也更为复杂多变，可以形成所谓的复杂建筑。

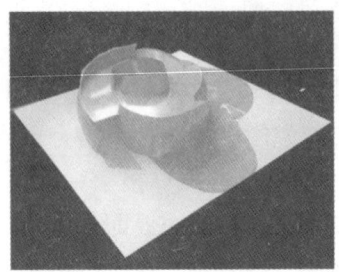
(a) PVC曲面建筑

(b) 有机玻璃穹顶建筑模型

(c) 卡纸曲面建筑

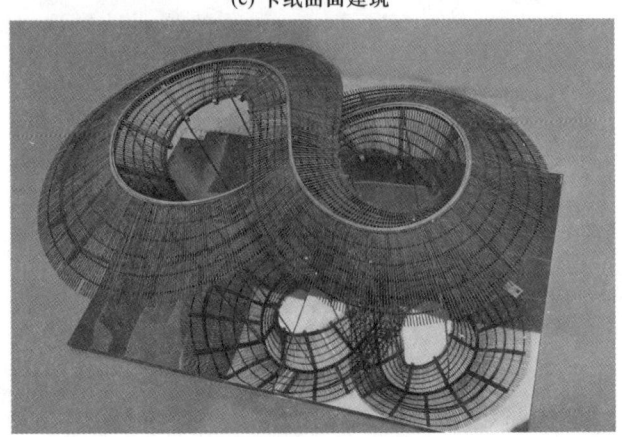
(d) 曲面屋顶建筑

图 4.5　曲面模型（空间建构模型）

第 4 章　建筑模型的制作过程

（4）线形排列曲面

线形排列曲面是空间建构模型常用的构建空间曲面的方法，图 4.6（a）展示的 1∶1 地景建筑模型是用竹子做成拱，让直线形竹子在一个开口向下，一个开口向上且垂直交错固定的竹拱上排开并交织在一起形成空间曲面。图 4.6（b）展示的展厅建筑模型是将短木条一端置于一条直线型长木条上，另一端置于一条曲线型木条上，依次排开形成空间曲面。两个相邻的采用相同方法生成的空间曲面形成了该建筑的主形体。该建筑模型仅在形体两端处使用了透明有机玻璃板做立面，建筑主体较长的三个面直接利用紧排的木条形成立面。图 4.6（c）展示的展厅建筑模型是将短木条两端分别在一条不平行的长直线（由建筑两侧的竖向排列杆件端部形成）上依次排开所形成的空间曲面。需要注意的是，这个建筑模型两侧各有两排相互交错的竖向构件，形成既接近又不平行的长直线。也就是说，这个模型用这种方法生成的其实是较为接近的两个空间曲面，这两个曲面交叠在一起形成更为复杂的空间形态。线形排列曲面适用于不易弯折的杆状建筑模型构件，可以生成复杂的空间曲面，且特别适用于参数化生成的类似的空间曲面建筑。

(a) 1:1 地景建筑　　(b) 展厅　　(c) 展厅

图 4.6　线型排列曲面模型

（5）曲体制作技巧

将材料弯曲的方法多种多样，重要的是要因材制宜。对于木材，易于用浸泡的方法来将其弯曲。例如拱形构件，可以将木条浸泡于水中数个小时或一整晚，待其变柔软后，将其弯曲并将两端固定，晾至干燥定型后使用。如果时间比较紧张，也可以用热水水浴或热蒸汽将其熏软，以缩短时间。

51

图1.14（b）的拱形桁架中的木拱构件就是这样做出来的。

有机玻璃和PVC材料也可以用水浴或烤箱加热使其变软，其中水浴法较为安全，一方面不容易将材料烤糊，另一方面不容易产生有毒气体。图4.5（a）所展示的向两面弯曲的PVC曲面建筑，就是用水浴的方法加工出来的。

此外，针对一些厚度较大、表皮韧性较强的板材，也可以运用半切割法将其变成可弯曲的面材。如图4.7所展示的展厅建筑，就是按方格网将KT板用刀于单侧面划开但不切透，使原本不好大幅度弯曲变形的KT板变得易于弯曲，可以形成复杂的顶界面。

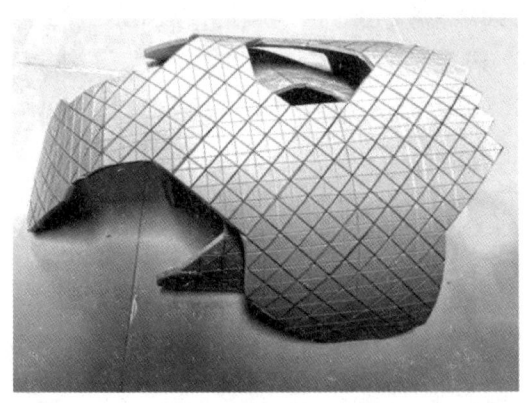

图4.7　展厅建筑模型（KT板）

4.3.2　立面制作技巧及注意事项

本书前文已经讲了很多的模型立面制作技巧，这里主要关注与幕墙相关的模型制作。图4.5（c）所示的卡纸曲面建筑，拥有较大的有机玻璃幕墙。该模型的幕墙是在有机玻璃板上用激光雕刻机扫描幕墙的框架及节点构造而成，取得了较好的效果。此外，也可以在幕墙上扫描室内空间里的人与家具的投影，可以使建筑立面更加活泼生动，弥补没有做室内空间的建筑模型的缺憾。

此外，在立面制作时还应注意以下几点。

（1）模型制作时应注意立面的清洁问题

在立面设计时，对于特别显脏的模型构件应注意保护隔离，例如白卡、透明PVC片和有机玻璃等。木材、KT板等不太容易显脏，且容易打理。

图4.8显示的是一个展厅的空间建构模型,该模型制作复杂,是用木条制作的一个格构建筑结构体系。原立面设计的本意是将木材与透明有机玻璃进行搭配,但最后的模型成果中透明有机玻璃被UHU胶污染,有机玻璃透明光洁的质感没有体现出来,导致最后的模型成果想显示的设计意图没有被充分表达出来。此外,这个模型作品所暴露的问题也说明,透明有机玻璃的黏结固定应在其边缘进行,如周边没有边框或用于固定的构件来承托,则可以用激光雕刻机在有机玻璃板上打孔,用悬挂的方法固定。

图4.8 展厅建筑模型(木与有机玻璃)

(2)模型制作时立面的主次关系问题

在模型立面制作时,应注意立面与建筑主体的协调关系。一般立面的精细程度应与建筑的其他部位相协调。如图4.9所展示的展厅建筑模型,建筑立面与屋顶钢架采用的是相同的白色卡纸材料及磨砂有机玻璃,并采用相同的表皮处理手法,模型整体性较好。此外,图3.20所展示的木条与有机玻璃模型(茶室)的立面与屋顶也采用相同的材料与处理手法。在建筑设计学习中,模型的制作一般更强调设计立意,注重空间的表达。因此,建筑立面不过于强调写实,这与一般商用建筑模型注重实际环境、追求立面精美的做法有很大的区别(图4.10)。用于建筑设计学习的建筑模型一般要求立面尽量简化[图3.22、图3.23和图3.26(a)等],或进行一定的抽象表达[图4.5(c)],或仅强调立面的平面构成和色彩构成[图4.1(e)]。有些模型甚至没有立面,仅通过结构骨架来表达模型造型,例如图3.15(a)(b)、图3.19、图3.21、图4.5(b)、图4.6(c)等。

图 4.9　展厅（卡纸与磨砂有机玻璃）

图 4.10　住宅商品房模型

4.3.3　配景制作技巧及注意事项

建筑模型的配景处理宁简勿繁。配景是用来烘托建筑的，而不是独自展示。建筑模型一般采用抽象的配景，例如图 3.23（a）和图 4.9 所展示的泡沫球与泡沫块植物配景，图 3.26（a）所展示的由绿色包装绳制成的球状灌木和由圆形卡纸片层叠而成的椭圆体卡通树体，图 3.15（d）用椴木板切割而成的枝状树体，以及图 1.16（a）、图 3.13（a）和图 3.13（b）所展示的圆形卡纸片十字插接所形成的抽象树体和图 2.3、图 2.7 所展示的用类似方法做成的松柏树体。

　　此外，也有一些写实的配景制作方法。例如可以拿松枝等天然植物枝叶来装饰建筑模型，例如图3.22和图3.25所展示的建筑模型就是用松枝做配景的。但是这种天然植物配景耐久性不强，松枝过段时间就会干枯碎裂。当然，也可以用一些经过处理的干花枝叶来制作配景，耐久性会长一些。此外，还可以将细金属丝在底部扭紧做树根，上部分散开来造型后做树冠。还可以进一步将这种树冠粘上胶水，在草粉或泡沫碎里翻滚粘上草粉和泡沫碎，或直接用泡沫碎做灌木，形成较为逼真的自然树木配景，这类配景通常用于写实的建筑模型环境中，如图1.6、图2.2和图4.10所展示的乔木和灌木配景。

　　除了树木外，还有其他的配景，如石景、花架、草坪和水景等。可以收集一些色彩鲜亮富有造型特点的小石子和砂砾黏结于模型底盘做石景环境营造［图3.26（b）］，也可以用硬泡沫块打磨塑形后喷上或涂抹颜料，黏结于模型底盘做假山等石景。花架可用模型主体所用的材料制作，使模型整体具有统一感，也可以用与主体模型不同的材料，以丰富模型环境。草坪可以用彩色卡纸或瓦楞纸、草皮贴纸、彩色有机玻璃、彩色PVC板、草粉、泡沫碎等制作。一般绒面的草地可用于实景环境营造，光面草地可用于抽象环境营造。水景的营造也有多种方法，最简单的是使用彩色卡纸或瓦楞纸，或用透明PVC片直接粘贴于模型底盘，也可以用彩色有机玻璃或PVC板。有水波纹的有机玻璃板和PVC板也可以用，但建议用无色的，映衬模型底盘颜色，看起来更为自然。此外，透明硅胶（玻璃胶）也可以用来填充水槽、模仿涌泉或营造瀑布，废弃的光导纤维也可以用来模仿喷泉的喷射水线等。

4.3.4　底盘制作技巧及注意事项

　　建筑模型的底盘一方面是用来放置建筑模型主体和配景等，另一方面也起到烘托建筑主体的作用。建筑模型底盘的选择方法一般有四类，一种是黑色或灰色等深色底盘，可以烘托除了黑色和深灰等深色模型外的各类颜色的建筑模型主体［图3.14、图3.22、图3.23、图3.25、图4.1、图4.5（c）、图4.6（c）和图4.9等］；一种是白色等浅色底盘，可以烘托除了白色外的各类颜色的建筑模型主体，也可以与白色建筑主体融为一体，增强模型的整体性［图3.15（c）、图3.16、图3.17（b）、图3.19、图3.20、图3.26（a）、图4.5（a）、图4.6（b）、图4.7和图4.8等］；一种是用模型主体的材料或与主体相近的材料做底盘,求得模型的设计整体性,如图2.6、图2.7、图3.15(d)、图3.21、图4.2和图4.11,这几个建筑模型均是用构成主体模型的木材或纸质材料来做底盘的;一种是反射底盘,例如常用的有机玻璃底盘均有一定的反射能力,使模型整体形象层次性更强,表达更为丰富(图2.4、图3.14和图4.11)。此外,还有的是直接用镜面材料做底盘,例如镀膜有机玻璃板[图4.5(d)],这种底盘可以清晰地反射建筑主体的形象,效果更为强烈。

图4.11 展厅(木)

4.3.5 模型制作中的打孔问题

模型制作中有很多时候是需要打孔的,如椴木木板、PVC、有机玻璃均可以用钻机打孔,但如需要光滑的孔洞,可以选用激光雕刻机,或直接选用给皮带打孔的小工具。图4.9显示的是一个用卡纸制作的利用排架体系做主体结构的展厅模型。洁白的卡纸上,打上了很多小孔,孔洞排列规律且孔型光滑,迎合了建筑设计所要体现的高技派风格。白色有洞卡纸、磨砂有机玻璃以及白色棱角分明的泡沫块配景结合起来营造了整个建筑模型虚实有度的"白色派"风格。

4.3.6 模型中的异质同构问题

在建筑模型的制作中，会经常用一些材料替代另一些材料，例如前面所介绍的配景制作，很多都是用卡纸、泡沫和金属丝等来制作树木和石景等的。对于建筑主体而言，用透明有机玻璃和透明 PVC 片模拟玻璃是常用的方法。这些手法基本都是用其他材料尽可能模仿事物真实形象的方法。

特别需要关注的是一些明显的不同形象的异质同构方法，即使用的模型材料和真实材料有明显差异，但仍能取得较好的效果，例如用木材模拟钢结构。从图 4.11 可以看出，木材的硬度可以使它们对钢构件进行精细的复刻，模型整体上既凸显了钢结构的特点，也显得小巧、轻盈，不失温馨。

4.3.7 模型的相对尺度问题

建筑模型在制作过程中一般是等比例缩小的，但有些细部构件并不适合等比例缩小，这出于两方面的原因：一方面材料过于细小会出现无法加工的问题，另一方面尺度过于小的构件，实际表现力较弱，不能有效促进建筑模型的设计表达。例如玻璃幕墙或窗户的窗棂等构件的宽度如接近 1mm，构件的存在感较弱，明框玻璃幕墙的表现力会大幅度削弱。如果 1mm 以下宽度的窗棂构件用卡纸和有机玻璃制作，则建议不要用激光雕刻机切割，两条切线距离过近卡纸容易糊，而有机玻璃构件则容易弯曲变形，失去了有机玻璃构件平滑挺直的特点。因此，在建筑模型制作时，比例设定应分部位规划，不仅要考虑实际的尺寸，还应当考虑其视觉效果及材料加工的可行性。过于机械地把控比例关系，也许并不能达到所期望的效果。

4.4 模型制作工具

4.4.1 简单工具

在建筑设计的学习中，建筑模型的制作需要一些简单工具，包括裁纸刀、手术刀、剪刀、勾刀、纸胶带、钢尺和锯条等（图 4.12）。裁纸刀可用于薄纸片、薄卡纸以及薄 PVC 片的切割［图 4.12（a）］。手术刀可用于切割模型小件的阳角、阴角等需要关注细节的部位［图 4.12（b）］。剪刀可以修剪配景或进行一些简单的材料分割工作［图 4.12（c）］。勾刀可以用于切割较厚的板材，如卡纸、有机玻璃和 PVC 板等［图 4.12（d）］。纸胶带用于临时固定模型组件，以帮助黏结定位［图 4.12（e）］。钢尺用作切割直线时的靠尺，比有机玻璃尺耐切割［图 4.12（f）］。

(a) 裁纸刀　(b) 手术刀　(c) 剪刀　(d) 勾刀　(e) 纸胶带　(f) 钢尺

图 4.12　简单工具

4.4.2　自动化设备

用于自动化精细切割的设备有激光雕刻机和机械雕刻机。激光雕刻机没有像机械雕刻机必须固定好模型材料，更换适用的刀头以及设置切割深度等操作，仅需要根据板材材质和厚度，设置好所需要的能量就可以了［图 4.13（a）、图 4.13（b）］。因此，在制作一般小比例建筑模型时，激光雕刻机往往使用频率较高，也较受欢迎。此外，还有用于泡沫切割的泡沫切割机等［图 4.13（c）］。

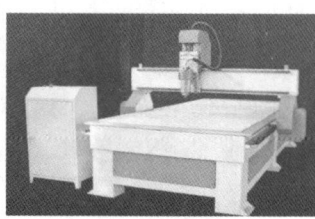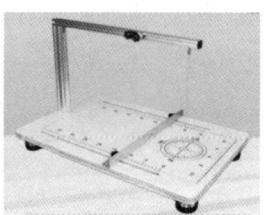

(a) 激光雕刻机　　　　(b) 机械雕刻机　　　　(c) 泡沫切割机

图 4.13　自动化设备

4.4.3　手操电动工具

1∶1 实体模型更多借助于一些电动工具，例如电钻、圆锯、曲线锯、电刨、电铣槽机、电榫卯机和磨砂机等。电钻可以打孔和上、卸螺丝等［图4.14（a）］。圆锯用于切割木龙骨等较粗或较厚的木材［图4.14（b）］。曲线锯可以用于复杂的板材切割，如在木板上切割曲线［图4.14（c）］。电刨可以打磨板材使之光滑平整［图4.14（d）］。电铣槽机可以在板材上铣槽［图4.14（e）］。电榫卯机可以在板材或龙骨上打出卯孔，将榫木打胶敲入卯孔用夹具固定，用以连接木构件［图4.14（f）］。磨砂机有带式和砂轮式等，可以打磨小的模型构件［图4.14（g）和图4.14（h）］。

在模型加工工具的使用上，操作人员应遵守操作规程，并注意防护。对于危险程度较大的电锯等工具，操作人员操作时尤其要注意规范服装和发饰等，避免被卷入机器，同时操作时应戴上护目镜、防护口罩、耳塞和手套等。操作人员在切割模型材料时，也应避免手和身体其他部位进入运刀路线。

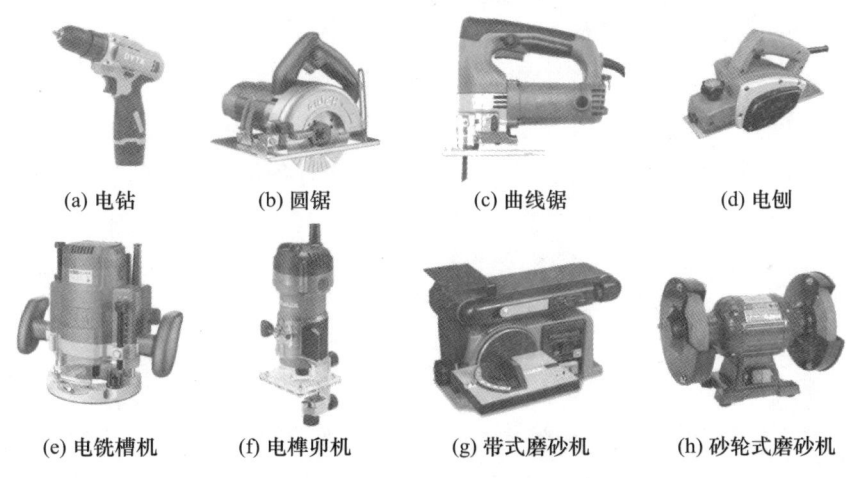

(a) 电钻　　(b) 圆锯　　(c) 曲线锯　　(d) 电刨

(e) 电铣槽机　　(f) 电榫卯机　　(g) 带式磨砂机　　(h) 砂轮式磨砂机

图4.14　电动木工设备

第 5 章 建筑设计与模型表现

建筑设计的图纸表现对于设计评价来说有着至关重要的作用，但是建筑模型也有其独特的表现魅力，因此图纸的表现与模型的表现应该尽量做到相辅相成。在建筑设计的最终成果表现方面容易出现建筑模型与设计图纸融合不好的问题，例如模型的色调与版面不匹配，模型的深度与图纸深度不协调，模型的排版没有处理好以及模型照片在图纸上的表现力度不够，与模型质量水平不匹配等一系列问题，而这些问题都是可以在一定程度上避免的。建筑设计是以表现成果论英雄的，因此需要利用好建筑模型，让模型制作过程中的努力、技巧与创意都能够在设计成果中充分地体现出来。

5.1 案例 1

5.1.1 设计与模型的表现张力

如图 5.1 所示的案例 1，逆光拍摄的展厅建筑模型照片比设计图纸更加生动、醒目，赋予了建筑独特的魅力与表现张力。建筑倾斜的外围流线型体量与倾斜的圆形中心屋顶两相对应，光与影在此交汇，强烈的明暗关系使建筑的形体感更为强烈，亮面的细部得到凸显。"实体模型能够赋予建筑设计以力量感"，这句话在这个案例中得到了充分的体现。

5.1.2 设计与模型的表现平衡

如图 5.1 所示，在图纸中，建筑模型照片位于左下角，模型照片占据了足够的分量，为设计图纸增色不少，而设计图纸的表现深度也与建筑模型旗鼓相当［图 5.1（b）、图 5.1（c）］。鉴于设计者高超的拍摄技术，如能够进一步增加模型细部的照片，也许可以使模型的积极作用得到进一步发挥。模型照片的色调如能够与设计图纸的色调相呼应，在整体色彩效果上也许能够更进一步。此外，模型照片在两张图纸上均是竖直顺排，如在排版上能够更加灵活地处理，整体版面效果也许会更好。

(a) 展厅 (木质空间建构模型)

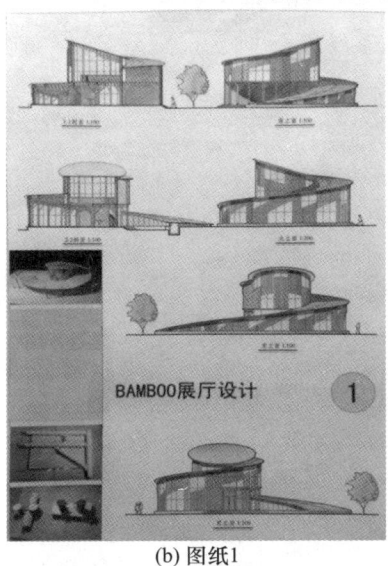

(b) 图纸1

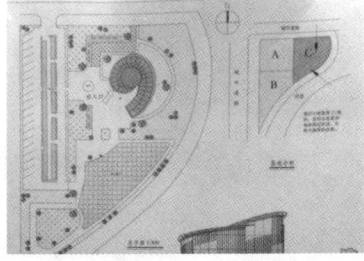

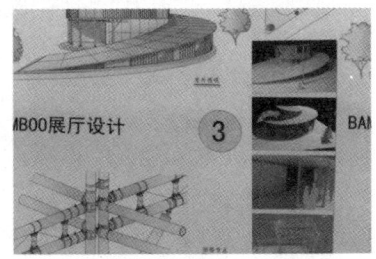

(c) 图纸2

图 5.1　案例 1

5.2 案例 2

5.2.1 设计与模型的表现张力

如图 5.2 所示的案例 2，别墅建筑主体为纯净的白色，呈院落式布局，丰富的绿地和水景贯穿其中，成功地营造了建筑的环境氛围。在这个设计案例中，环境的营造占据了重要的地位。建筑设计的核心创意借由模型落地，绿地、水体、园林小径、平台、汀步、花架的丰富色彩和材质在其中交相辉映，与别墅白色的建筑主体相辅相成。

(a) 别墅模型（卡纸）

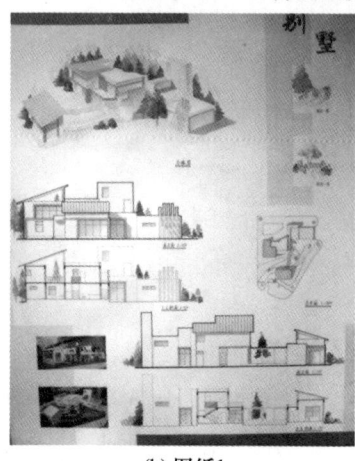

(b) 图纸1

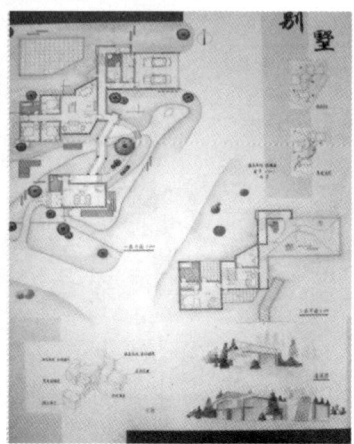

(c) 图纸2

图 5.2 案例 2

5.2.2 设计与模型的表现平衡

在图纸1中,模型照片所占篇幅不大,仅有两张,占据了一张图纸的左下角[图5.2(b)]。模型的制作深度与图纸深度基本相当,色彩能够相呼应,整体效果较为理想。在这里需要注意的是,效果图所在图纸是否适合放置模型照片需要仔细斟酌。在图5.2(b)中,效果图与模型照片对比起来不太占据优势,效果图的环境渲染较为简单,但效果图图幅较大,而模型照片复刻了所有的环境细部,但照片尺寸又远远小于效果图。这种配置有可能在对比之下,放大渲染图的短板。在设计版面时,将模型照片放在没有对应效果图的版面可能是一种有效的规避这种矛盾的方法。当然,对于模型和效果图质量都比较高的设计方案来说,就没有这种顾虑,可以大胆地强强联手,使最后的成果图纸更为精彩。

5.3 案例3

5.3.1 设计与模型的表现张力

如图5.3所示的案例3,由透明胶皮电线编织而成的曲面结构与内部白色卡纸制作的曲体空间组合在了一起,既完美复刻了建筑设计的曲体编织结构,又完全呈现了内部空间的形态和组织结构。编织结构的模型制作是对于模型制作技巧的一种考验,同时也可以最大限度地体现结构的精美和该结构对于曲面形态变化的优势,即编织结构模型可以展示出三维曲面形态的细微变化。

5.3.2 设计与模型的表现平衡

如图5.3所示,设计案例3使用了参数化设计,其可取之处在于成果图纸分别展现了虚拟模型与实体模型,既丰富了图面效果,也体现了设计过程。在图纸1中,参数化变换的虚拟模型占据了图纸的左下侧,所占篇幅较大,总共有7张图[图5.3(b)]。在图纸2中,实体模型占据了图纸的左上侧,

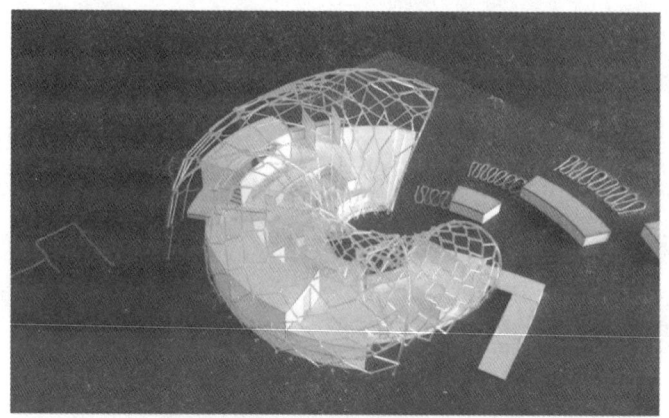

(a) 展厅模型（电线与卡纸空间建构模型）

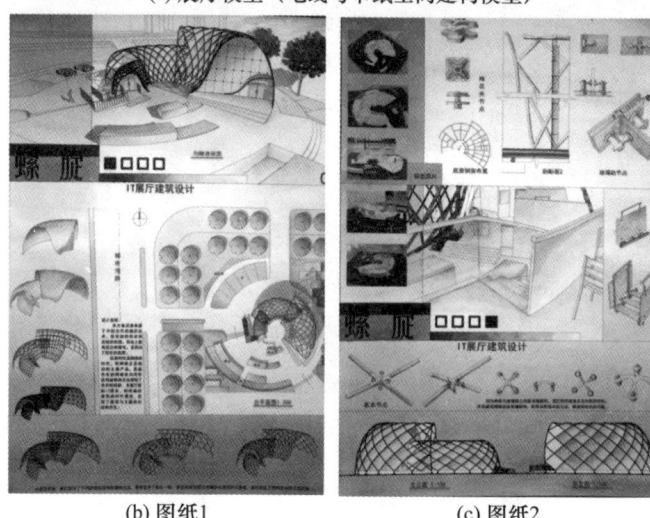

(b) 图纸1　　　　　　　(c) 图纸2

图 5.3　案例 3

所占篇幅也较大，总共有 5 张图 [图 5.3（c）]。模型的制作深度与图纸深度相当，色彩能够相呼应，版面设计灵活，整体效果较为理想。

5.4　案例 4

5.4.1　设计与模型的表现张力

如图 5.4 所示的案例 4，透明有机玻璃和白色卡纸将建筑体块的虚实关系和体块本身都凸显了出来，既体现了设计的立意，又使建筑形象更为丰富有趣。在环境上，黑色、白色和透明材质使外部空间层次丰富起来，同时很好地烘托了主体建筑。

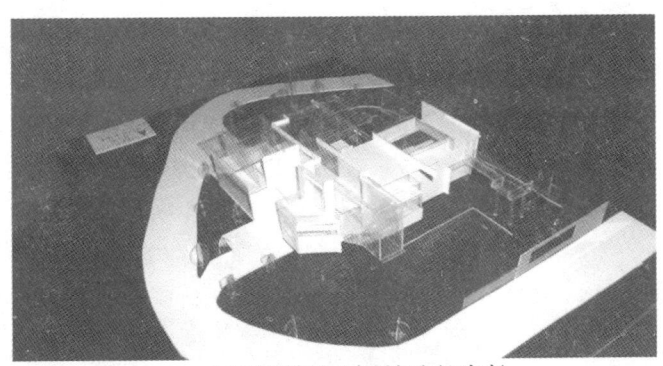

(a) 别墅模型（卡纸与有机玻璃）

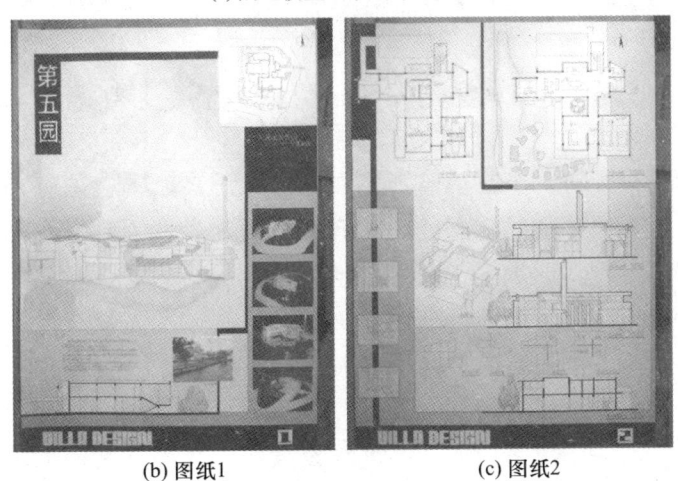

(b) 图纸1　　　　　　　　(c) 图纸2

图 5.4　案例 4

5.4.2　设计与模型的表现平衡

在图纸 1 中，模型照片所占篇幅适当，占据了图纸 1 的右下角［图 5.4 (b)］。模型的制作深度超越了图纸深度，图纸色彩能够与模型色彩互相呼应，整体效果较为理想。如果效果图的色彩及光影层次能够再丰富一些，图纸与模型照片的匹配就可能会更好一些［图 5.4 (b)］。

第6章 建筑模型训练

建筑模型的制作除了可以配合设计课程，也可以专门进行针对性的训练，在训练中对空间进行研究和体验，提升空间感知和设计技巧。训练可以分为三部分，分别为空间模型，专注于空间构成能力培养；地景模型，专注于环境构成能力培养；创意主题模型，专注于综合能力培养。

6.1 空间模型——空间构成能力培养

初学建筑设计时，卡在建筑形体设计前的一大障碍就是对于空间形体感知不足的问题。对于空间形态的无感会导致设计无从下手，或决定空间形态时判断错误等。这实质上是一种感知能力的问题，不能一蹴而就，但可以通过训练提升能力。具体的训练方式就是对一些基本形体及其组合进行空间生成训练，包括基本空间形体和空间形体组合。

（1）基本空间形体

图 6.1（a）和图 6.1（b）所展示的是针对六棱柱的空间生成，图 6.1（c）所展示的是针对椭球体的空间生成。由图 6.1 可以看出这两个模型作品一个是刚性形体，一个是柔性形体。刚性形体可以通过不同方向的平直界面彼此相连，柔性形体可以通过"剥落方式"增加形体的层次感。由此可见，基本空间形体的训练可以增强设计者对于形体特点的认知，并在模型所赋予的空间感知体验中拓展思维，增加处理形体的方式和方法。基本空间形体的种类很多，可以选择一些常见的立方体、棱柱、球体、圆台、棱台等，结合一些实际功能，如咖啡厅、居室、书屋、花店等进行模型制作训练。

（2）空间形体组合

图 6.2 所展示的模型是针对一个长立方体进行的切割与拼合。切割方式

包括水平和竖向的直切与斜切,并在形体端部和顶部进行了减法处理。该方法是进一步促进设计者对于形体处理的思维拓展,将处理形体的方式与方法深化,同时借助模型反馈处理后的形态,也借助模型材料促进设计者对于空间物质化特点的想象,比如软硬,软的可以像豆腐般切割,硬的是否可以将其弄裂或堆叠。这种思维训练可以将空间物质化特点和处理形体的方式与方法联系起来,促进设计者空间感知和设计能力的提升。

空间形体的训练可以针对一个简单形体,也可以针对 2~3 个简单形体,布置训练任务时,也可以附加相应手法要求,例如加法、减法、旋转、咬合、叠合等。

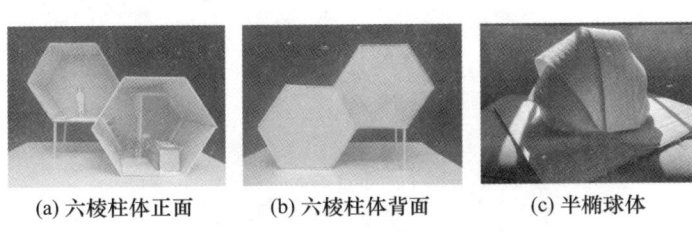

(a) 六棱柱体正面　　　(b) 六棱柱体背面　　　(c) 半椭球体

图 6.1　基本空间形体模型

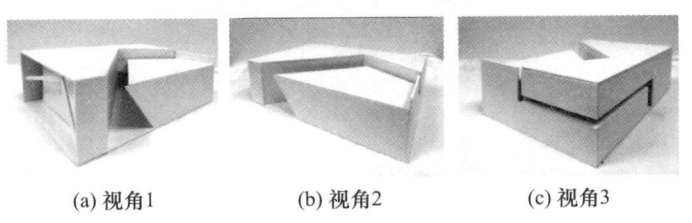

(a) 视角 1　　　(b) 视角 2　　　(c) 视角 3

图 6.2　空间形体组合模型

6.2　地景模型——环境构成能力培养

图 6.3(a)和图 6.3(b)所示的地景模型是针对面层空间把控场地环境的训练。模型由数个面层空间竖向叠合而成,包括蓝色透明 PVC 片、黑卡切割条组面、大小形态不同的木片和木条框架等。模型整体面层有虚有实,层次极为丰富,从不同方向看,均有不一样的视觉体验。设计者在黑色底盘上添加了水波纹等水景元素,结合模型主体的蓝色透明 PVC 片(海水)、黑色切割条组面(珊瑚),模型主题"海洋"呼之欲出。图 6.3(c)所示的地景模

型是针对线性空间把控场地环境的训练。模型整体由黑色卡纸条和黑色棉线制作，主形体由两个黑色卡纸条制作的旋转45°的格构立方体穿套形成，由黑色棉线缠绕形成的面，被用于地面路径和架高的平台。整个模型作品充分诠释了"线"这种一维空间元素的特点，展露了设计者对"线"的空间感知深度以及对于场地的营造能力。

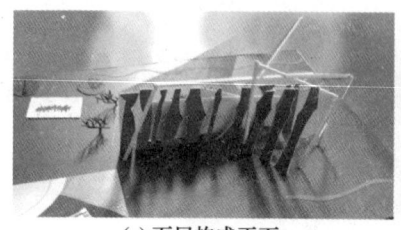
(a) 面层构成正面

(b) 面层构成背面

(c) 线层构成景观

图 6.3　地景模型

环境构成的训练可以针对一个简单用地，结合一些简单功能，如小品、凉亭和花架等。布置训练任务时，也可以对空间要素做一定要求，例如对线、面、体等空间元素有一些具体规定。

6.3　创意多主题模型——综合能力培养

建筑形象的营造除了与建筑形体本身相关外，也与建筑的表皮、材质、机理关系密切，此外建筑形象受光影关系的影响也很大，因此需要对建筑设计的学习者进行一定的综合能力的培养，将光、影、体、表皮、材质、机理等融为一体，塑造富有创意的建筑空间形象。

6.3.1 空间形象营造技能

（1）光、影、体

图 6.4 所示模型展示的是以三角形为主题的建筑形体与空间中的光影关系。由于光从侧上方打下，在地面留下了一个与主体类似的三角形阴影，建筑形象因此产生了一个戏剧性的效果，黑白三角在图面上占据了主角位置，如图 6.4（a）（b）所示的建筑入口的两个视角的照片。此外，从该建筑的侧面和针对入口小品的特写，又得到了不同的建筑形象，如图 6.4（c）（d）。该作品体现了设计者对于三角形的空间解读，也体现了其对于光影关系的娴熟把握。

(a) 视角1　　　　　(b) 视角2　　　　(c) 视角3　　　(d) 入口空间单元

图 6.4　三角体模型（空间构成模型）

（2）光、影、面

图 6.5（a）所示模型展示的是以三角形为主题的建筑表皮与空间中的光影关系。光线从建筑顶部的三角形组群开口处射入，在建筑内部空间底部形成了美丽的光影，为室内空间环境增色不少，并加强了建筑顶、底部的空间联系。图 6.5（b）展示的是一个竖向矩形空间转折面处的复杂表皮开口设计。图 6.5（c）展现的是在夜间通过在其内部打灯，在外部看到的表皮效果。可以看出在夜晚，表皮的形象发生了黑白翻转，产生了戏剧性的效果。图 6.5（d）展现了一个矩形空间的表皮螺旋线设计。图 6.5（e）展现的是光线由外部打入室内的整体效果，图 6.5（f）展现的是其局部的光影效果。与前一个设计方案类似，室内的光影关系所呈现的形象与建筑立面形象相比也是一个黑白翻转，而且室内的光影关系经过地面和侧墙的投影变得更加复杂多变，如图 6.5（f）展现的局部光影形象非常迷幻。这三个作品展现了设计者对于建筑表皮复杂开口的操作技巧，也体现了光影关系对于建筑室内空间和外部立面的强烈影响。

(a) 屋顶开口　　　　　(b) 墙体角部开口1　　　　(c) 墙体角部开口2

(d) 立面部开口1　　　　(e) 立面部开口2　　　　(f) 立面部开口3

图6.5　表皮开口

(3) 光、材质、机理

图6.6所示模型展示的是以材质、机理为主题的建筑室内光影关系。图6.6 (a)(b) 所展示的模型作品内部空间中设置了光面的瓦楞纸板和透明塑料泡泡包装片。室内空间设置灯泡，灯泡光线打入透明塑料片，使之产生一种晶莹剔透的视觉效果，与瓦楞纸板粗糙暗沉的材质形成了鲜明的对比。这种极具对比感的材质搭配配合灯光效果，使建筑室内空间变得活泼生动又不失"奢华"。图6.6 (c) 所展示的是由单面瓦楞纸板（一侧有牛皮卡，另一侧仅有瓦楞纸芯）所形成的六棱柱体室内空间，光线由顶部的十字形开缝投射进来，形成奇异的三道光线的衍射效果，且该光线垂直于均匀分布于模型室内空间的瓦楞纸芯的横向肌理上。整体模型的室内空间因光线与建筑机理的设置而充满了某种仪式感与神圣感。

  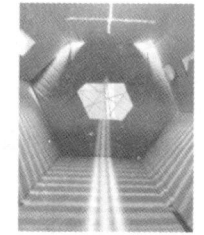

(a) 室内空间1　　　　　(b) 室内空间1细部　　　　(c) 室内空间2

图6.6　室内空间材质与机理

综合能力的训练可以结合难易程度对主题空间元素进行逐步增加，例如先是光影＋体、光影＋面、光影＋材质和光影＋色彩等，再升级为光影＋体＋面、光影＋体＋面＋材质、光影＋体＋面＋材质＋色彩等。

6.3.2 专题建筑营造

在进行空间构成、环境构成和综合能力的建筑模型训练后，可以进行一些小规模的专题训练，例如微型住宅和山地住宅等。

（1）微型住宅

图 6.7 展现的是两个微型住宅模型，制作者们分别对六棱柱体和竖直立方体进行了空间处理。微型住宅 1 在形体中部做了减法处理［图 6.7（a）(b)］，微型住宅 2 在建筑上半部分别做了减法和加法处理［图 6.7（c）(d)］。

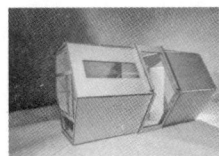
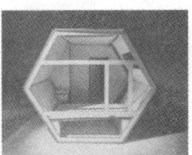

(a) 微型住宅1　　(b) 微型住宅1内部　　(c) 微型住宅2　　(d) 微型住宅2内部

图 6.7　微型居室

（2）山地住宅

图 6.8 展现的是山地住宅模型，制作者除了对空间形体做了叠合等造型处理之外，还对建筑的色彩和光影关系也进行了设计，表现出其对于这两种建筑空间元素的领悟。建筑虽复杂，但仍能够突出设计重点。

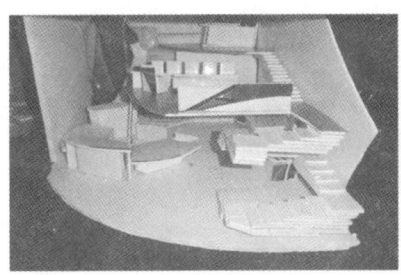

(a) 山地住宅视角1　　(b) 山地住宅视角2

图 6.8　山地住宅

参考文献

[1] 朱旭方. 《说文》金部字与中国古代冶金工业文化[J]. 广播电视大学学报（哲学社会科学版），2010，(01)：91-94.

[2] 王佳倩. 探讨中国古建筑模型的历史渊源及当代应用[J]. 工业设计，2022，(07)：119-121.

[3] 永昕群，温玉清. 咫尺楼台——漫谈中国古建筑模型[J]. 紫禁城，2010（12）：12-19.

[4] 林陈. 文艺复兴时期建筑模型的运用[D]. 南京大学，2017.

[5] 陈星，段旺腾，刘义. 通用组件模式下可变居住建筑空间科教融合探索[J]. 住宅产业，2024，(06)：30-32.